鄱阳湖
常见植物
识别手册

徐志文　龚磊强
刘　骏　杨清培　编著

中国林业出版社

图书在版编目（CIP）数据

鄱阳湖常见植物识别手册 / 徐志文等编著． -- 北京：
中国林业出版社，2024.8． -- ISBN 978-7-5219-2810-5

Ⅰ．Q94-62

中国国家版本馆 CIP 数据核字第 2024A5X382 号

策划编辑：李　敏
责任编辑：王美琪
书籍设计：北京美光设计制版有限公司

出版发行：中国林业出版社
　　　　　（100009，北京市西城区刘海胡同7号，电话 010-83143575）
网　　址：https://www.cfph.net
印　　刷：河北京平诚乾印刷有限公司
版　　次：2024年8月第1版
印　　次：2024年8月第1次印刷
开　　本：787mm×1092mm　1/32
印　　张：6
字　　数：150千字
定　　价：68.00元

《鄱阳湖常见植物识别手册》
编 委 会

前　言

　　鄱阳湖是我国最大淡水湖和世界著名的天然湿地，在调节长江水位、涵养水源、改善当地气候、保护生物多样性、维护地区生态平衡等方面都起着巨大的作用，被誉为"地球之肾"和"鸟类天堂"。因此，鄱阳湖功能的强弱直接影响着长江经济带这条"巨龙"腾飞的力量。

　　江西鄱阳湖国家级自然保护区（简称"鄱阳湖自然保护区"）位于赣江主支与修河下游河湖交汇处，地理坐标位于北纬 28°22′～29°45′、东经 115°47′～116°45′ 之间，总面积 2.24 万 hm^2，是我国第一批列入《湿地公约》国际重要湿地名录的 6 块湿地之一。

　　植物是鄱阳湖生态系统的重要组成部分，在生态系统物质循环和能量流动过程中发挥着最基础的作用，因此，必须积极开展植物多样性的监测与保护。植物分类和鉴别是植物多样性监测与保护的基础。只有充分认识植物，了解植物的丰富程度和空间分布，理解植物群落的组成、结构和功能，才能评估湿地生态系统的健康状况，指导湿地保护和恢复工作。

　　2022 年，在江西鄱阳湖国家级自然保护区管理局湿地植物物种调查及标本采集项目的支持下，通过对区内九子湖（大湖池、常湖池、朱市湖、蚌湖、沙湖、大汊湖、象湖、中湖池、梅西湖）、三洲（令公洲、王家洲、官洲）、二河（赣江、修河）、四山（吉山、丁家山、狮子山和平山）的样线调查、物种拍照、生境记录、标本采集和物种鉴定。最后调查发现，鄱阳湖自然保护区内有维管植物 132 科 382 属 660 种（蕨类植物按 PPG 系统，裸子植物按

Christenhusz 系统，被子植物按 APG IV 系统）。

本书共收录了 63 科 122 属 152 种常见湿地植物，它们多为鄱阳湖出现频度高、分布广的植物。首先根据自然分类将植物分类到物种，然后再根据植物的水分特性，将之分成两大类：水生植物和陆生植物。水生植物根据水生植物的生活方式、植物与水面的关系，再分为 4 种类型：漂浮植物（第一章）、沉水植物（第二章）、浮叶植物（第三章）和挺水植物（第四章）；陆生植物又可分为湿生植物（第五章）和中生植物。中生植物类型较多，本书又将之分成中生草本植物（第六章）和中生木本植物（第七章）。另外，各生态类型内的物种先分别按 PPG 系统、Christenhusz 系统、APG IV 系统的科序排列，然后再按学名字母顺序排列属、种。书中每一种植物都有典型照片、识别特征、生境特征等信息。

该书由江西鄱阳湖国家重要湿地 2022 年中央财政湿地保护与恢复补助项目资助。希望本书的出版可以使管理人员了解鄱阳湖的植物资源，以便更好地管理和保护植物；可以使当地居民和游客更多地了解鄱阳湖植物，减少对植物的破坏，以便更好地保护植物；可以使研究人员、老师学生了解鄱阳湖植物的研究现状和发展前景，以便开展相关研究工作；可以让自然爱好者了解鄱阳湖植物的生物学特性、生态习性、经济价值、药用价值、文化价值等方面的科普知识，以便更好地欣赏和保护自然。总之，本书的出版为关心鄱阳湖湿地植物的相关研究与管理人员提供较为系统的参考资料。

由于编写人员水平有限，书中不足和遗漏之处在所难免，恳请读者批评指正，以帮助我们在后续的相关研究中进一步提高和完善。

编著者

2024 年 1 月

目 录

前 言

第一章　漂浮植物

01 满江红 …………………… 3

02 槐叶蘋 …………………… 4

03 浮萍 ……………………… 5

04 大薸 ……………………… 6

05 紫萍 ……………………… 7

06 水鳖 ……………………… 8

07 凤眼莲 …………………… 9

第二章　沉水植物

01 黑藻 ……………………… 13

02 小茨藻 …………………… 14

03 龙舌草 …………………… 15

04 刺苦草 …………………… 16

05 菹草 ……………………… 17

06 穗状狐尾藻 ……………… 18

07 黄花狸藻 ………………… 19

第三章　浮叶植物

01 芡 ………………………… 23

02 眼子菜 …………………… 24

03 欧菱 ……………………… 25

04 细果野菱 ………………… 26

05 金银莲花 ………………… 27

06 水马齿 …………………… 28

07 莕菜 ……………………… 29

第四章　挺水植物

01 野慈姑 …………………… 33

02 水烛 ……………………… 34

03 水虱草 …………………… 35

04 荆三棱 …………………… 36

05 南荻 ……………………… 37

06 芦苇 ……………………… 38

07 菰 ………………………… 39

08 乌苏里狐尾藻 …………… 40

09 水八角 …………………… 41

10 异叶石龙尾 ……………… 42

11 石龙尾 …………………… 43

第五章　湿生植物

01 水蕨 ……………………… 47

02 老鸦瓣 …………………… 48

03 饭包草 …………………… 49

04 鸭跖草 …………………… 50

05 水竹叶 …………………… 51

06 鸭舌草 …………………… 52

07 灯芯草 …………………… 53

08 笄石菖⋯⋯⋯⋯⋯⋯ 54

09 灰化薹草⋯⋯⋯⋯⋯ 55

10 翼果薹草⋯⋯⋯⋯⋯ 56

11 二形鳞薹草⋯⋯⋯⋯ 57

12 异型莎草⋯⋯⋯⋯⋯ 58

13 头状穗莎草⋯⋯⋯⋯ 59

14 碎米莎草⋯⋯⋯⋯⋯ 60

15 香附子⋯⋯⋯⋯⋯⋯ 61

16 日本看麦娘⋯⋯⋯⋯ 62

17 长芒稗⋯⋯⋯⋯⋯⋯ 63

18 稗⋯⋯⋯⋯⋯⋯⋯⋯ 64

19 无芒稗⋯⋯⋯⋯⋯⋯ 65

20 乱草⋯⋯⋯⋯⋯⋯⋯ 66

21 牛鞭草⋯⋯⋯⋯⋯⋯ 67

22 柳叶箬⋯⋯⋯⋯⋯⋯ 68

23 圆果雀稗⋯⋯⋯⋯⋯ 69

24 棒头草⋯⋯⋯⋯⋯⋯ 70

25 禺毛茛⋯⋯⋯⋯⋯⋯ 71

26 紫云英⋯⋯⋯⋯⋯⋯ 72

27 三叶朝天委陵菜⋯⋯ 73

28 下江委陵菜⋯⋯⋯⋯ 74

29 枫杨⋯⋯⋯⋯⋯⋯⋯ 75

30 旱柳⋯⋯⋯⋯⋯⋯⋯ 76

31 乌桕⋯⋯⋯⋯⋯⋯⋯ 77

32 假柳叶菜⋯⋯⋯⋯⋯ 78

33 海边月见草⋯⋯⋯⋯ 79

34 风花菜⋯⋯⋯⋯⋯⋯ 80

35 蓼子草⋯⋯⋯⋯⋯⋯ 81

36 密毛酸模叶蓼⋯⋯⋯ 82

37 疏蓼⋯⋯⋯⋯⋯⋯⋯ 83

38 萹蓄⋯⋯⋯⋯⋯⋯⋯ 84

39 习见萹蓄⋯⋯⋯⋯⋯ 85

40 羊蹄⋯⋯⋯⋯⋯⋯⋯ 86

41 长刺酸模⋯⋯⋯⋯⋯ 87

42 莲子草⋯⋯⋯⋯⋯⋯ 88

43 喜旱莲子草⋯⋯⋯⋯ 89

44 金毛耳草⋯⋯⋯⋯⋯ 90

45 水苋草⋯⋯⋯⋯⋯⋯ 91

46 泥花草⋯⋯⋯⋯⋯⋯ 92

47 陌上菜⋯⋯⋯⋯⋯⋯ 93

48 半枝莲⋯⋯⋯⋯⋯⋯ 94

49 匍茎通泉草⋯⋯⋯⋯ 95

50 通泉草⋯⋯⋯⋯⋯⋯ 96

51 半边莲⋯⋯⋯⋯⋯⋯ 97

52 蒌蒿⋯⋯⋯⋯⋯⋯⋯ 98

53 石胡荽⋯⋯⋯⋯⋯⋯ 99

54 鳢肠⋯⋯⋯⋯⋯⋯ 100

55 匙叶合冠鼠曲⋯⋯ 101

56 鼠曲草⋯⋯⋯⋯⋯ 102

57 泥胡菜⋯⋯⋯⋯⋯ 103

58 稻槎菜⋯⋯⋯⋯⋯ 104

59 裸柱菊⋯⋯⋯⋯⋯ 105

60 蛇床⋯⋯⋯⋯⋯⋯ 106

第六章　中生草本植物

01 茵草⋯⋯⋯⋯⋯⋯ 109

02 狗牙根⋯⋯⋯⋯⋯ 110

03 五节芒⋯⋯⋯⋯⋯ 111

04 合萌⋯⋯⋯⋯⋯⋯ 112

05 野大豆⋯⋯⋯⋯⋯ 113

06 鸡眼草·················· 114

07 葛·················· 115

08 苎麻·················· 116

09 盒子草·················· 117

10 酢浆草·················· 118

11 小连翘·················· 119

12 野老鹳草·················· 120

13 磨盘草·················· 121

14 马松子·················· 122

15 扛板归·················· 123

16 雀舌草·················· 124

17 青葙·················· 125

18 小藜·················· 126

19 垂序商陆·················· 127

20 拉拉藤·················· 128

21 鸡屎藤·················· 129

22 打碗花·················· 130

23 菟丝子·················· 131

24 牵牛·················· 132

25 三裂叶薯·················· 133

26 篱栏网·················· 134

27 假酸浆·················· 135

28 苦蘵·················· 136

29 白英·················· 137

30 北美车前·················· 138

31 宝盖草·················· 139

32 益母草·················· 140

33 野艾蒿·················· 141

34 野菊·················· 142

35 一年蓬·················· 143

第七章　中生木本植物

01 小果菝葜·················· 147

02 异叶蛇葡萄·················· 148

03 蘡薁·················· 149

04 黄檀·················· 150

05 截叶铁扫帚·················· 151

06 美丽胡枝子·················· 152

07 豆梨·················· 153

08 金樱子·················· 154

09 山莓·················· 155

10 茅莓·················· 156

11 马甲子·················· 157

12 长叶冻绿·················· 158

13 杭州榆·················· 159

14 构·················· 160

15 薜荔·················· 161

16 柘·················· 162

17 桑·················· 163

18 算盘子·················· 164

19 青灰叶下珠·················· 165

20 盐麸木·················· 166

21 花椒簕·················· 167

22 青花椒·················· 168

23 小花扁担杆·················· 169

24 枸杞·················· 170

25 醉鱼草·················· 171

中文索引·················· 172

英文索引·················· 180

第一章

漂浮
植物

漂浮植物（free-floating plants）又称完全漂浮植物，是指整个植物体漂浮在水面上，根不着底泥，可"随波逐流"的一类浮水植物。这类植物的根通常不发达，体内具有发达的通气组织，或具有膨大的叶柄（气囊），以保证与大气进行气体交换，如槐叶蘋、浮萍、凤眼莲等。

漂浮水生植物种类较少，它们不但生长速度很快，而且可随水流、风浪四处漂泊，便能较快地覆盖整个水面。

从演替的角度看，从开敞水体开始，漂浮植物出现的时间最早。漂浮植物可以获得充足的光照，但难以吸收到水底土壤的养分，表现出"光照多，养分少"的特点，所以，总体来说，漂浮植物的生产力比较有限。

漂浮植物在维持水体生态平衡和改善水质等方面起到重要作用。主要体现在以下四个方面：①净化水体，某些种类能吸收水里的矿物质，成为水体净化植物；②观赏植物，有些种类可观赏叶片，为池水提供装饰和绿荫；③饲料植物，营养成分丰富，为水产养殖业中重要的饲料资源；④有些种类生长、繁衍特别迅速，迅速遮蔽射入水中的阳光，抑制水体中藻类的生长，从而可能会成为水中一害，所以需要定期捞出。

下面为大家介绍几种最常见的漂浮水生植物。

01

满江红

Azolla pinnata
subsp. *asiatica* R.
M. K. Saunders &
K. Fowler

槐叶蘋科
Salviniaceae

满江红属
Azolla

俗名 红苹、常绿满江红、多果满江红。

识别特征 小型漂浮蕨类植物。植株终年绿色，不受季节温度变化而改变颜色，腹裂片非紫红色。植株卵形或三角形。根茎细长横走，侧枝腋生，假二歧分枝，向下生须根。叶小如芝麻子，互生，无柄，覆瓦状在茎枝排成 2 列；叶片背裂片长圆形或卵形，肉质，绿色，秋后随气温降低渐变为红色，边缘无色透明，上面密被乳头状瘤突，下面中部略凹陷，基部肥厚形成共生腔；腹裂片贝壳状，无色透明，稍紫红色，斜沉水中。冬季植株多枯死，来年靠已受精的大孢子繁殖。

用途 可入药。可作为草食性鱼类优质青绿饲料。

02

槐叶蘋
Salvinia natans
(L.) All.

槐叶蘋科
Salviniaceae

槐叶蘋属
Salvinia

俗名　槐叶萍、槐叶苹、蜈蚣萍。

识别特征　小型漂浮蕨类植物。茎细长而横走，被褐色节状毛。三叶轮生，上面二叶漂浮水面，形如槐叶，长圆形或椭圆形，长 0.8～1.4cm，宽 5～8mm，顶端钝圆，基部圆形或稍呈心形，全缘；叶柄长 1mm 或近无柄。叶脉斜出，在主脉两侧有小脉 15～20 对，每条小脉上面有 5～8 束白色刚毛；叶草质，上面深绿色，下面密被棕色茸毛；下面一叶悬垂水中，细裂成线状，被细毛，形如须根，起着根的作用。孢子果 4～8 个簇生干沉水叶的基部，表面疏生成束的短毛，小孢子果表面淡黄色，大孢子果表面淡棕色。

用途　全草入药。煎服，治虚劳发热、湿疹；外敷治丹毒，治疗疮和烫伤。可作饲料、观赏植物，有水体净化的效果。

03

浮萍
Lemna minor L.

天南星科
Araceae

浮萍属
Lemna

俗名 青萍。

识别特征 一年生草本植物。叶状体对称，表面绿色，背面浅黄色或绿白色或常为紫色；近圆形，倒卵形或倒卵状椭圆形；全缘；长1.5～5mm，宽2～3mm，上面稍凸起或沿中线隆起，脉3条，不明显，背面垂生丝状根1条，叶状体背面一侧具囊。根白色，长3～4cm。果实无翅，近陀螺状。种子具凸出的胚乳并具12～15条纵肋。

用途 良好的猪饲料、鸭饲料，也是草鱼的饵料。入药能发汗、利水、消肿毒；治风湿脚气、风疹热毒、衄血、水肿、小便不利、斑疹不透、感冒发热无汗。

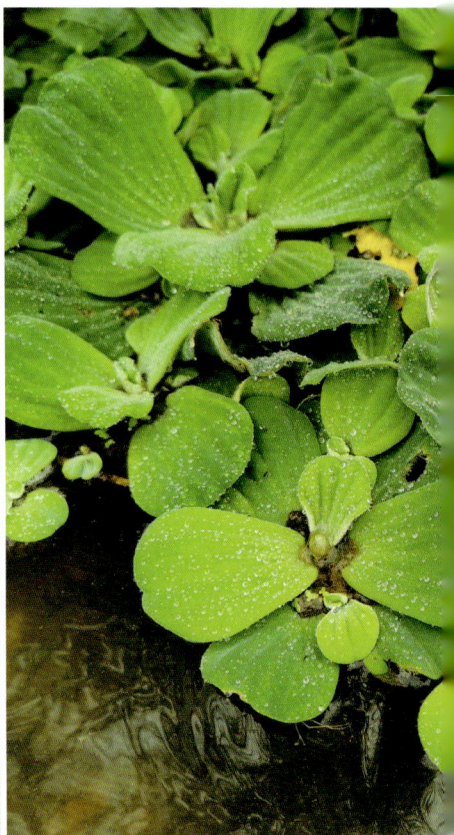

04

大藻
Pistia stratiotes L.

天南星科
Araceae

大藻属
Pistia

俗名　水浮莲、水白菜。

识别特征　一年生草本植物。叶簇生成莲座状，叶片常因发育阶段不同而形异，呈倒三角形、倒卵形、扇形，以至倒卵状长楔形，长1.3～10cm，宽1.5～6cm，先端截头状或浑圆，基部厚，二面被毛，基部尤为浓密；叶脉扇状伸展，背面明显隆起成折皱状。有长而悬垂的根多数，须根羽状，密集。佛焰苞白色，长0.5～1.2cm，外被茸毛。花、果期5～11月。

用途　全株作猪饲料。入药外敷无名肿毒；煮水可洗汗瘢、治血热作痒、消跌打肿痛。

05

紫萍
Spirodela polyrhiza
(L.) Schleid.

天南星科
Araceae

紫萍属
Spirodela

俗名　紫背浮萍、水萍草、田萍、萍、浮飘草、余头温草、浮瓜叶、水萍。

识别特征　一年生草本植物。叶状体扁平，阔倒卵形，长 5～8mm，宽 4～6mm，先端钝圆，表面绿色，背面紫色；具掌状脉 5～11 条，背面中央生 5～11 条根。根长 3～5cm，白绿色，根冠尖，脱落；根基附近的一侧囊内形成圆形新芽，萌发后，幼小叶状体渐从囊内浮出，由一细弱的柄与母体相连。花序生于叶状体边缘的缺刻内，较小，花期 4～6 月，果期 5～7 月。

用途　全草入药。可作猪饲料、草鱼饵料，鸭也喜食。

06

水鳖
Hydrocharis dubia
(Bl.) Backer

水鳖科
Hydrocharitaceae

水鳖属
Hydrocharis

俗名　水白、水苏、茞菜。

识别特征　多年生草本植物。匍匐茎顶端生芽。叶簇生，多漂浮，有时伸出水面；叶心形或圆形，全缘，远轴面有蜂窝状贮气组织。雄花序腋生；佛焰苞2个，膜质透明，具红紫色条纹，苞内具雄花5～6朵，每次1朵花开放；萼片3枚，离生；花瓣3片，黄色，与萼片互生，近圆形；雄蕊4轮，每轮3枚，最内轮3枚为退化雄蕊；雌佛焰苞小，苞内雌花1朵。浆果球形或倒卵圆形。花、果期5～10月。

用途　可作饲料及用于沤绿肥。幼叶柄作蔬菜。

07

凤眼莲
Pontederia crassipes (Mart.)

雨久花科
Pontederiaceae

梭鱼草属
Pontederia

俗名　水浮莲、水葫芦。

识别特征　一年生浮水草本植物，高 30～60cm。茎极短，具长匍匐枝，匍匐枝淡绿色或带紫色，与母株分离后长成新植物。叶在基部丛生，莲座状排列，一般 5～10 片；叶片圆形、宽卵形或宽菱形，全缘，具弧形脉，表面深绿色，光亮，质地厚实，两边微向上卷，顶部略向下翻卷；叶柄长短不等，中部膨大成囊状或纺锤形，内有许多气室，维管束散布其间，黄绿色至绿色，光滑。蒴果卵形。花期 7～10 月，果期 8～11 月。

用途　全草为家畜、家禽饲料。药用，有清凉解毒、除湿祛风热以及外敷热疮等功效。还是监测环境污染的良好植物，可监测水中是否有砷存在，净化水中汞、镉、铅等有害物质。

第二章

沉水植物

沉水植物（submerged plants）是指植物体全部位于水层下面营固着生长的大型水生植物。它们的根不发达或退化，植物体的各部分都可吸收水分和养料，通气组织特别发达，有利于气体交换。这类植物的叶子大多为带状或丝状，如苦草、金鱼藻、狐尾藻、黑藻等。

植物体长期沉没在水下，仅在开花时花柄、花朵才露出水面。如穗状狐尾藻、车轮藻、狸藻等，表皮细胞没有角质或蜡质层，可直接吸收水分、溶于水中的氧和其他营养物质，根退化或完全消失。叶片上的叶绿体大而多，排列在细胞外围，能充分吸收透入水中的微弱光线。叶片上没有气孔，有完整的通气组织，能适应水下氧气相对不足的环境。无性繁殖占优势，授粉在水面进行。

沉水植物在生长过程中会吸收水体中的营养物质。针对富营养化的湖泊、湿地，可采用每年有计划地收割沉水植物的方式转移水体中过量的营养物质，对缓解水体富营养化起到积极作用。

从演替的角度看，随着漂浮植物凋落物的沉积，水体逐渐变浅，阳光可以照到水底，于是开始出现沉水植物。沉水植物可以获得充足的养分，但很难获取充分的光照，表现出"养分多，光照少"的特点，所以，总体来说，漂浮植物的生产力也比较有限。

沉水植物在维持湖泊的清水稳态中具有重要作用，随着沉水植物的消失，湖泊会从清水状态转化成浊水状态，称为稳态转化。湖泊生态修复的一个重要任务就是通过沉水植物的恢复将湖泊从浊水状态转变成清水状态。一般来说，内稳性低的沉水植物可以作为水生态修复的先锋物种。

01
黑藻
Hydrilla verticillata
(L. f.) Royle

水鳖科
Hydrocharitaceae

黑藻属
Hydrilla

俗名　温丝草、灯笼薇、转转薇。

识别特征　多年生沉水草本植物。茎伸长，有分枝，呈圆柱形，表面具纵向细棱纹，质较脆。休眠芽长卵圆形；叶4～8枚轮生，线形或长条形，长7～17mm，宽1～1.8mm，常具紫红色或黑色小斑点，先端锐尖，边缘锯齿明显，无柄，具腋生小鳞片；主脉1条，明显。花单性，雌雄异株；雄佛焰苞近球形，绿色。果实圆柱形。植物以休眠芽繁殖为主。注意：黑藻并非藻类，而是被子植物。因其叶片上有紫红色或黑色小斑点，其质如藻，故名"黑藻"。花、果期5～10月。

用途　室内水体绿化，是装饰水族箱的良好材料。全草可作猪饲料；可作为绿肥使用；亦能入药，具利尿祛湿之功效。

02
小茨藻
Najas minor All.

水鳖科
Hydrocharitaceae

茨藻属
Najas

识别特征　一年生沉水草本植物。植株纤细，易折断，下部匍匐，上部直立，呈黄绿色或深绿色，基部节上生有不定根；株高 4～25cm。茎圆柱形，光滑无齿，茎粗 0.5～1mm 或稍更粗，节间长 1～10cm，或更长；分枝多，呈二叉状。上部叶呈 3 叶假轮生，下部叶近对生，于枝端较密集，无柄；叶片线形，渐尖，柔软或质硬，长 1～3cm，宽 0.5～1mm，上部狭而向背面稍弯至强烈弯曲，边缘每侧有 6～12 枚锯齿，齿长为叶片宽的 1/5～1/2；叶鞘上部呈倒心形，长约 2mm，叶耳截圆形至圆形，内侧无齿，上部及外侧具 10 余枚细齿。花小，单性，单生于叶腋，雄花浅黄绿色，椭圆形，长 0.5～1.5mm，具瓶状佛焰苞；花被 1 枚，囊状；雄蕊 1 枚；雌花无佛焰苞和花被，雌蕊 1 枚。瘦果黄褐色，狭长椭圆形，上部渐狭而稍弯曲，长 2～3mm，直径约 0.5mm。种皮坚硬，易碎。花、果期 6～10 月。

用途　可作饲料。也可用于水体净化。

03

龙舌草
Ottelia alismoides
(L.) Pers

水鳖科
Hydrocharitaceae

水车前属
Ottelia

俗名　水车前。

识别特征　多年生草本植物。根状茎短。叶基生，膜质；幼叶线形或披针形，成熟叶多宽卵形、卵状椭圆形、近圆形或心形，全缘或有细齿；叶脉 3 ～ 11 条，平行或弧形，似车前叶，故俗称水车前；叶柄长短随水体深浅而异。具须根。花两性，偶单性；佛焰苞椭圆形或卵形，具 1 朵花，长 2.5 ～ 4cm，顶端 2 ～ 3 浅裂，有 3 ～ 6 枚纵翅，翅有时呈折叠波状，有时极窄，在翅不发达的脊上有时具瘤状凸起；花瓣白、淡紫或浅蓝色。果圆锥形，长 2 ～ 5cm。种子多数，纺锤形，种皮有纵条纹，被白毛。花、果期 4 ～ 10 月。

用途　具有食用价值。药用，主治痈疽、汤火灼伤。也是优良的水体绿化植物。

保护级别　国家二级重点保护植物。

04

刺苦草
Vallisneria spinulosa Yan

水鳖科
Hydrocharitaceae

苦草属
Vallisneria

俗名　蓼萍草、扁草。

识别特征　多年生草本植物。匍匐茎光滑或稍粗糙，白色，有越冬块茎。叶基生，线形或带形，长0.2～2m，绿色或略带紫红色，先端钝，全缘或有不明显细锯齿；叶脉5～9条；无叶柄。花单性，异株；雄佛焰苞卵状圆锥形，呈舟形浮于水面；雌佛焰苞筒状，梗纤细，绿色或淡红色，长30～50cm，甚至更长，像一根弹簧，水深就绷得直，水浅就会压缩一些。当雌花授粉成功后，花梗弹簧收缩，将花拉到水面以下，孕育果实。果圆柱形。种子多数，倒长卵圆形，有腺毛状凸起。花、果期8～10月。

用途　清热解毒，止咳祛痰，养筋和血。冬芽是白鹤重要的食物来源，可净化富营养化水体，还可用于生物教学、科学研究。

05
—
蒩草
Potamogeton crispus L.

眼子菜科
Potamogetonaceae

眼子菜属
Potamogeton

俗名　札草、虾藻。

识别特征　多年生沉水草本植物。根茎近圆柱形，茎稍扁，有多个分枝，近基部常匍匐在水底，在节处生出疏或稍密的须根。叶条形，无柄，叶缘呈浅波状，有疏或稍密的细锯齿。穗状花序顶生。花、果期4～7月。

用途　全草可入药，有清热解毒、利尿通淋、止咳祛痰之功效。可富集吸收重金属，净化水体，尤其对砷、锌的净化能力强。可作猪、鸭饲料。

06

穗状狐尾藻
Myriophyllum spicatum L.

小二仙草科
Haloragaceae

狐尾藻属
Myriophyllum

俗名　泥茜、聚藻、金鱼藻。

识别特征　多年生沉水草本植物。根状茎发达，在水底泥中蔓延，节部生根。茎圆柱形，长 1～2.5m，分枝极多。叶常 5 片轮生（或 4～6 片轮生，或 3～4 片轮生），长 3.5cm，丝状全细裂，叶的裂片约 13 对，细线形，裂片长 1～1.5cm；叶柄极短或不存在。穗状花序顶生，长 3～10cm。花两性或单性，生于苞腋内，常 4 朵轮生，雄花生在花序上部，萼筒顶端深裂。花、果期 4～9 月。

用途　全草入药，清凉，解毒，止痢，治慢性下痢。可为养猪、养鱼、养鸭的饲料。可供观赏，还可用来沤制绿肥。

07

黄花狸藻
Utricularia aurea
Lour.

狸藻科
Lentibulariaceae

狸藻属
Utricularia

俗名 金鱼茜、水上一枝黄花、黄花挖耳草。

识别特征 一年生沉水草本植物。假根通常不存在，存在时轮生于花序梗的基部或近基部，扁平并稍膨大。匍匐枝圆柱形，具分枝。叶器多数，互生，长2～6cm，3～4深裂达基部；叶器裂片侧生捕虫囊，多数，斜卵球状。花序直立，长5～25cm，中部以上具3～8朵稍疏离的花，花冠黄色，喉部有时具橙红色条纹，无毛。蒴果球形，直径4～5mm，顶端具喙状宿存花柱，周裂。种子多数，压扁。长期生活在水中，原已分化了的根、茎、叶在形态上与未分化的藻类植物相似，同时具有狐狸般狡猾的捕虫方式，故名"黄花狸藻"。花期6～11月，果期7～12月。

用途 用于室内水体绿化，是装饰玻璃杯、玻璃槽、玻璃瓶等容器的良好材料。还可用于食虫植物的生物教学、科学研究。

第三章

浮叶植物

浮叶植物（floating-leaved plants）也称半浮水植物，是指生于或浸泡浅水中，叶浮于水面，而根长在底泥中的一类植物。如芡、竹叶眼子菜、欧菱等。

　　主要特征：它们的叶子通常较大且浮在水面上，以便能够吸收充足的阳光。通常根系不太发达，叶子仅在叶外表面有气孔，可以进行气体交换。根一般因为缺乏氧气，由于无氧呼吸可以产生醇类物质。叶的蒸腾作用强；此外，叶柄与水深相适应可伸得很长。另外，还有一些水中叶和浮叶具有显著的不同形态。

　　从演替的角度看，漂浮植物和沉水植物两者凋落物的沉积使水体进一步变浅。此时，浮叶植物上可以通过浮叶获得足够的光照，下可以通过根从水底土壤中获取养分，因此，浮叶植物的生产力高于漂浮植物和沉水植物。

　　浮叶植物在水域中起到重要的生态作用，提供了栖息地、食物和遮蔽物，同时它们也具有美化环境的作用。

01

—

芡

Euryale ferox
Salisb. ex K. D.
Koenig & Sims

睡莲科
Nymphaeaceae

芡属
Euryale

俗名 湖南根、假莲藕、刺莲藕、鸡头荷、鸡头莲、鸡头米、芡实。

识别特征 一年生水生草本植物，具刺。根茎粗壮；茎不明显。叶二型；初生叶为沉水叶，箭形或椭圆形，两面无刺；次生叶为浮水叶，革质，椭圆状肾形或圆形，盾状，全缘，上面深绿色，具蜡被，下面带紫色，被短柔毛，两面在叶脉分枝处具锐刺；叶柄及花梗粗壮，均被硬刺。花单生，伸出水面；花瓣矩圆披针形或披针形，长 1.5 ～ 2cm，紫红色，成数轮排列。浆果球形，直径 3 ～ 5cm，暗紫红色，密被硬刺，顶端具宿存直立萼片。种子球形，具浆质假种皮及黑色厚种皮，胚乳粉质。花期 7 ～ 8 月，果期 8 ～ 9 月。

用途 种子含淀粉，供食用、酿酒及制副食品用；供药用，补脾益肾、涩精。全草为猪饲料，也可作绿肥。

02

眼子菜

Potamogeton distinctus A. Benn.

眼子菜科
Potamogetonaceae

眼子菜属
Potamogeton

俗名　鸭吃菜、鸭子草。

识别特征　多年生水生草本植物。根茎发达，白色，直径 1.5 ～ 2mm，多分枝，在节处生有稍密的须根。茎圆柱形，直径 1.5 ～ 2mm，通常不分枝。浮水叶革质，披针形、宽披针形至卵状披针形，长 2 ～ 10cm，宽 1 ～ 4cm，先端尖或钝圆，基部钝圆或有时近楔形，叶柄长 5 ～ 20mm；叶脉多条，顶端连接；沉水叶披针形至狭披针形，草质，具柄，常早落；托叶膜质，长 2 ～ 7cm，顶端尖锐，呈鞘状抱茎。穗状花序顶生，具花多轮，开花时伸出水面，花后沉没水中；花序梗稍膨大，粗于茎，花时直立，花后自基部弯曲，长 3 ～ 10cm；花小，被片 4 枚，绿色；雌蕊 2 枚（稀为 1 或 3 枚）。果实宽倒卵形，长约 3.5mm。因其叶片形似人的眼睛，故名"眼子菜"。花、果期 5 ～ 10 月。

用途　全草可入药，清热解毒，利湿通淋，止血，驱蛔。亦可作饲料，也可作为室内水体绿化植物。

03

欧菱
Trapa natans L.

千屈菜科
Lythraceae

菱属
Trapa

俗名 大湾角菱、扒菱、大头菱。

识别特征 多年生水生草本植物。茎柔弱，分枝。叶二型；浮水叶互生，聚生于主茎和分枝茎顶端，形成莲座状菱盘，叶片三角形状菱形，表面深亮绿色，背面绿色带紫，叶柄中上部膨大成海绵质气囊或不膨大；沉水叶小，早落。根二型。花小，单生于叶腋，花瓣4，白色。果三角状菱形，果高和宽约2cm，刺角长1～1.5cm，具4刺角；果喙圆锥状，无果冠。种子白色，元宝形，两角钝，白色粉质。花期7～9月，果期8～11月。

用途 叶美观，花白色或淡红色，是优良的水生观赏植物，多用于公园、绿地、小区、校园的水体绿化与点缀。

04

—

细果野菱
Trapa incisa
Siebold & Zucc.

千屈菜科
Lythraceae

菱属
Trapa

俗名　四角刻叶菱、四角马氏菱。

识别特征　一年生浮水植物。茎细柔弱，分枝，长 0.8～1.5m。浮水叶互生，成莲座状菱盘，叶较小，斜方形或三角状菱形，上面深亮绿色，下面绿色，疏被短毛或无毛，有棕色马蹄形斑块，中上部有缺刻状锐齿，基部宽楔形；叶柄中上部稍膨大，绿色无毛。根二型；着泥根细铁丝状，着生水底泥中；同化根，羽状细裂，裂片丝状、淡绿褐色或深绿褐色。花小，单生叶腋；花梗细，无毛。坚果三角形，高 1.5～2cm，凹凸不平，4 刺角细长，2 肩角刺斜上举，2 腰角刺斜下伸。花期 5～10 月，果期 7～11 月。

用途　止渴生津，平肝气，通肾水，益血消食。全株和果实可供观赏，果实还可作为微型插画及其工艺品。

保护级别　国家二级重点保护野生植物。

05

金银莲花
Nymphoides indica (L.) Kuntze

睡菜科
Menyanthaceae

荇菜属
Nymphoides

俗名　印度莕菜、印度荇菜。

识别特征　多年生浮叶草本植物。茎圆柱形，单叶顶生。叶漂浮，近革质，宽卵圆形或近圆形，长3～8cm，全缘，下面密被腺体，基部心形，具不明显掌状脉。花多数，簇生节上，5数；花冠白色，基部黄色，裂片卵状椭圆形，腹面密被流苏状长柔毛；花丝短，扁平，线形；花柱圆柱形。蒴果椭圆形，不裂。花、果期8～10月。

用途　全草可入药，其味辛、甘，性寒。其叶似莲叶，花形奇特，是观叶观花类植物。

06

水马齿
Callitriche palustris L.

车前科
Plantaginaceae

水马齿属
Callitriche

俗名 沼生水马齿。

识别特征 一年生草本植物，高 20 ～ 40cm。茎纤细，多分枝。叶对生，在茎顶常密集呈莲座状，浮于水面，无柄；沉水的茎生叶叶片条形或匙形，长 6 ～ 12mm，宽 2 ～ 5mm，先端微凹，具 1 条中脉，浮于水面的叶叶片椭圆形至近圆形，长 3.6 ～ 9.9（～ 10.3）mm，宽 1.2 ～ 4.3（～ 4.5）mm，基部渐狭，边缘全缘，先端圆或微钝，两面疏生褐色小斑点，通常具 3 条基出脉。花单性，同株，单生叶腋，为 2 个小苞片所托。果倒卵状椭圆形，长 1 ～ 1.5mm。花、果期 4 ～ 10 月。

用途 可作为水生观赏植物，对污染物极敏感，也可作为水体污染的指示植物。

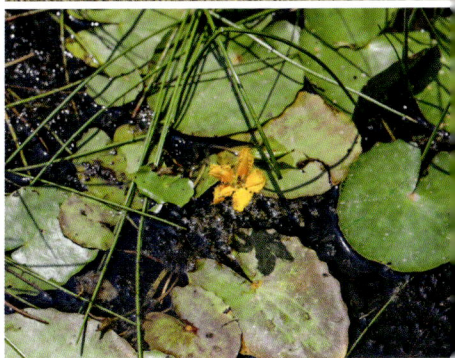

07

荇菜
Nymphoides peltata (S. G. Gmel.) Kuntze

睡菜科
Menyanthaceae

荇菜属
Nymphoides

俗名 凫葵、水荷叶、杏菜。

识别特征 多年生水生草本植物。茎圆柱形，多分枝，密生褐色斑点。上部叶对生，下部叶互生，叶片飘浮，近革质，圆形或卵圆形，基部心形，全缘，有不明显的掌状叶脉，下面紫褐色。花常多数，簇生节上；花萼分裂近基部，裂片椭圆形或椭圆状披针形；花冠金黄色，长 2～3cm，直径 2.5～3cm，冠筒短。蒴果无柄，椭圆形。种子大，褐色，椭圆形。花、果期 4～10 月。

用途 全草可入药，主治疮肿及热淋等。盛花时，成片的荇菜景观尤为壮观。荇菜对藻类生长有较好的抑制作用，适宜在人工湿地应用。

第四章

挺水植物

挺水植物（emergent plants）是指扎根水底，而茎和叶则伸出水面的水生植物。它们生长在水体边缘、湿地或浅水区域。

从演替的角度看，随着漂浮植物、沉水植物和浮叶植物凋落物的累积，水体进一步变浅。挺水植物的根部通常扎根在水底，可获取土壤中的养分，茎和叶则向上延伸到空气中获取阳光。挺水植物的茎、叶伸展在空中，而不像浮叶植物的叶子平铺在水面，因此前者的叶面积系数远远大于后者。此时，群落生产力又得到进一步的提升。

挺水植物在水生生态系统中具有重要的生态学意义。

首先，挺水植物可以提供物理结构和栖息地。它们的茎和叶提供了遮蔽和保护，为许多水生生物提供了栖息地。鱼类、两栖动物和昆虫等许多水生生物都依赖于挺水植物的茎和叶来寻找庇护处、繁殖场所和觅食区。

其次，挺水植物有助于水体的净化和生态平衡。它们的根系可以吸收水中的营养物质和污染物，减少水体中的营养盐和有害物质含量，改善水质。挺水植物还可以吸收二氧化碳，促进氧气的释放，维持水中的氧气含量，有助于水生生物的呼吸和生存。

此外，挺水植物对于保持水体的稳定性和防止水土流失也起到了重要作用。它们的根系可以固定土壤，减少水流的冲刷和侵蚀，防止河岸的塌方和土壤的流失。

总的来说，挺水植物在提供栖息地、净化水体、维持水质和保护河岸等方面发挥着积极的生态功能。

01

—

野慈姑
Sagittaria trifolia L.

泽泻科
Alismataceae

慈姑属
Sagittaria

俗名　剪刀草、日本慈姑。

识别特征　多年生沼生草本植物。具匍匐茎或球茎；球茎小，最长 2～3cm。叶基生，挺水；叶片箭形，大小变异很大，顶端裂片与基部裂片间不缢缩，顶端裂片短于基部裂片，基部裂片尾端线尖，两基部裂片间呈锐角，呈剪刀形，故俗称"剪刀草"；叶柄基部鞘状。花葶直立，20～70cm 或更长，花序圆锥状或总状，花瓣白色，约为萼片 2 倍；雄蕊多数，花丝丝状，花药黄色；雌心皮多数，离生。瘦果两侧扁，倒卵圆形，具翅，背翅宽于腹翅，具微齿，喙顶生，直立。花、果期 5～10 月。

用途　可作药用。球茎可作蔬菜食用等。

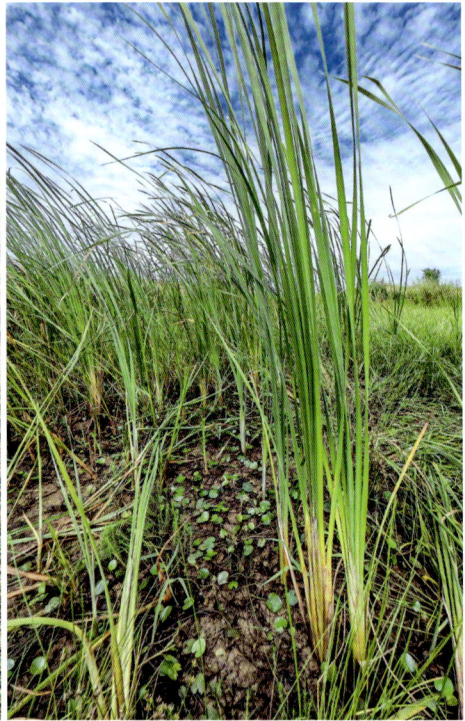

02

水烛
Typha angustifolia
L.

香蒲科
Typhaceae

香蒲属
Typha

俗名　蜡烛草。

识别特征　多年生草本植物。地上茎直立，粗壮，高1.5～2.5（～3）m；根状茎乳黄色、灰黄色，先端白色。叶上部扁平，中部以下腹面微凹，背面向下逐渐隆起呈凸形，下部横切面呈半圆形；叶鞘抱茎。穗状花序，雌雄同轴，离生，雄花序在上，雌花序在下；雄花序轴具褐色扁柔毛，单出，或分叉；叶状苞片1～3枚，花后脱落；雌花序长15～30cm，雌花序粗大，状如蜡烛，故名"水烛"。小坚果长椭圆形，长约1.5mm，具褐色斑点，纵裂。花、果期6～9月。

用途　可入药，主治各种出血、瘀血疼痛、瘀滞腹痛、痛经、跌扑肿痛等。观叶、观花俱佳的水生植物。叶片用于编织、造纸等。

03

水虱草
Fimbristylis littoralis Gaudich.

莎草科
Cyperaceae

飘拂草属
Fimbristylis

俗名 日照飘、拂草。

识别特征 一年生草本植物。秆丛生，扁四棱形，具纵槽，基部包 1～3 个无叶片的鞘，长 3.5～9cm；鞘侧扁，鞘口斜裂，有时刚毛状。叶长 3～9cm，宽（1～）1.5～2mm，侧扁，套褶，剑状，背面锐龙骨状，鞘口斜裂，无叶舌。小穗单生辐射枝顶端，球形或近球形。小坚果倒卵形或宽倒卵形，钝三棱形，具疣状突起和横长圆形网纹。

用途 全草可入药，有清热解毒、活血利尿的功效，可用于治疗风热咳嗽、胃肠炎、小便短赤、跌打损伤等。

04

荆三棱

Bolboschoenus yagara (Ohwi) Y. C. Yang & M. Zhan

莎草科
Cyperaceae

三棱草属
Bolboschoenus

俗名　三棱、泡三棱、黑三棱。

识别特征　多年生草本植物。根状茎粗而长，呈匍匐状，顶端生球状块茎。秆高0.7～1.5m，锐三棱形，平滑，基部膨大，具秆生叶。叶线形，宽0.5～1cm，稍坚挺，上部叶片边缘粗糙，叶鞘长达20cm；苞片叶状，3～4枚，长于花序。复穗状花序，多数花穗于茎顶聚成无梗伞形花丛，花序梗不等长，叶状苞片3～4枚，通常长于花序；小穗卵形或长圆形，锈褐色，多花。鳞片密覆瓦状，膜质，长圆形，外被短柔毛，具中肋。小坚果三棱状倒卵形，黄白色。花期5～7月，果期7～8月。

用途　根可入药，全株可供观赏，还可作工业原料。

05

南荻
Miscanthus lutarioriparius L. Liu ex Renvoize & S. L. Chen

禾本科
Poaceae

芒属
Miscanthus

俗名　胖节荻。

识别特征　多年生高大竹状草本植物。具十分发达的根状茎。秆直立，深绿色或带紫色至褐色，有光泽，常被蜡粉，成熟后宿存，高 5.5～7.5m，径 2～3.5（～4.7）cm，具 42～47 节，上部的节间实心，中下部者中空；节部膨大，秆环隆起，故俗称"胖节荻"，节及其芽均无毛，上部节（30 节以上）具长约 1m 的分枝。叶鞘淡绿色，无毛，与其节间近等长，鞘节无毛；叶舌具绒毛，耳部被细毛；叶片带状，长 90～98cm，宽约 4cm，边缘锯齿较短，中脉粗壮，白色，下面隆起，基部较宽。圆锥花序大型，长 30～40cm，主轴伸长达花序中部，由 100 枚以上的总状花序组成。颖果黑褐色，长 2～2.5mm，宽 0.7～0.8mm，顶端具宿存的二叉状花柱基。花、果期 9～11 月。

用途　白色嫩根状茎可食用。大面积的南荻可形成良好的湿地生态环境，为鸟类提供栖息、觅食、繁殖的家园。南荻纤维质优、高产，能制高级文化用纸及静电复印纸。

06

芦苇

Phragmites australis (Cav.) Trin. ex Steud.

禾本科
Poaceae

芦苇属
Phragmites

俗名　苇、芦芽、蒹葭。

识别特征　多年生草本植物。秆高 1～3（8）m，直径 1～4cm，具 20 多节，最长节间位于下部第 4～6 节，长 20～25（40）cm，中空。叶鞘下部者短于其节间，而上部者长于其节间；叶舌边缘密生一圈长约 1mm 的短纤毛，两侧缘毛长 3～5mm，易脱落；叶片披针状线形，有折痕，长 30cm，宽 2cm，无毛，顶端长渐尖成丝形。圆锥花序大型，长 20～40cm，宽约 10cm，分枝多数，长 5～20cm，着生稠密下垂的小穗；小穗柄长 2～4mm，无毛。

用途　秆为造纸原料或作编席织帘及建棚材料；茎、叶嫩时为饲料；根状茎供药用。固堤造陆先锋环保植物。

07
菰
Zizania latifolia
(Griseb.) Turcz. ex
Stapf

禾本科
Poaceae

菰属
Zizania

俗名　茭白、野茭白、茭笋。

识别特征　多年生浅水草本植物。秆高 1～2m，径约 1cm，多节，基部节生不定根。叶鞘长于节间，肥厚，有小横脉；叶舌膜质。叶片扁平宽大，长 50～90cm，宽 1.5～3.0cm。圆锥花序长 30～50cm，分枝多数簇生；雄小穗长 1～1.5cm，两侧扁，着生花序下部或分枝上部，带紫色，外稃具 5 脉，先端渐尖具小尖头，内稃具 3 脉，中脉成脊，具毛，着生花序上部和分枝下方与主轴贴生处。颖果圆柱形。花、果期 9～11 月。

用途　经济价值大，秆基嫩茎为真菌寄生后，粗大肥嫩，称蒿笋、茭瓜，是美味的蔬菜。颖果称菰米，作饭食用，有营养保健价值。全草为优良的饲料，也是固堤造陆的先锋植物。

08

乌苏里狐尾藻
Myriophyllum ussuriense (Regel) Maxim.

小二仙草科
Haloragaceae

狐尾藻属
Myriophyllum

俗名　乌苏里聚藻、三裂狐尾藻、乌苏里杂。

识别特征　多年生草本植物。根状茎发达，生于水底泥中，节部生多数须根；茎圆柱形，长 6～25cm。叶二型，沉水叶 4 片轮生，有时 3 片轮生，宽披针形，羽状深裂，裂片短，对生，线形，全缘；茎上部水面叶仅 1～2 片，极小，细线状。花单生叶腋，雌雄异株，无花梗；苞片小，全缘，较花短；雄花花萼钟状；花瓣 4 片，倒卵状长圆形；雌花花萼壶状，贴生于子房，裂片极小；花瓣早落；子房 4 室，四棱形，柱头 4 裂，羽毛状。果圆卵形，有 4 条浅沟，表面具细疣，心皮之间的沟槽明显。花期 5～6 月，果期 6～8 月。

用途　可治疗痢疾、热毒疔肿等。可用于水面绿化，也可栽种在室内的鱼缸中观赏。可作猪、鹅、鸭、鸡、鱼等的饲料。全株还可作绿肥。

09

水八角
Gratiola japonica
Miq.

车前科
Plantaginaceae

水八角属
Gratiola

俗名 白花水八角。

识别特征 一年生草本植物。根状茎细长，须状根密簇生；茎直立或上升，肉质，中下部有柔弱的分枝。叶基部半抱茎，长椭圆形，长 0.7～2.3cm，宽 0.2～0.7cm，全缘，不明显三出脉。花单生叶腋，近无梗；花冠筒较唇部长，上唇顶端钝或微凹，下唇 3 裂，裂片有时凹缺；雄蕊 2 枚，着生上唇基部，药室略分离而平行，下唇基部有 2 枚短棒状退化雄蕊；柱头 2 浅裂。蒴果球形。种子细长，具网纹。花、果期 5～7 月。

用途 味酸，性平，具有解毒止痛、利湿消肿的作用。

10

异叶石龙尾

*Limnophila
heterophylla*
(Roxb.) Benth.

车前科
Plantaginaceae

石龙尾属
Limnophila

识别特征　多年生水生草本植物。气生茎被无柄的腺或柔毛或近于光滑无毛。沉水叶长可达 50cm，多裂；裂片毛发状；气生叶对生，稀轮生，无柄，矩圆形，稍具圆齿，基部稍抱茎，具 3～5 脉。花无梗，排列成疏松的顶生穗状花序，或具极短的梗而单生叶腋，无小苞片；萼被无柄的腺，果实成熟时不具凸起的条纹；花冠淡紫色，无毛。蒴果近球形，浅褐色。花期 7 月，果期 8～10 月。

用途　可作观赏植物。可用于水质净化。

11

石龙尾

Limnophila sessiliflora (Vahl) Blume

车前科
Plantaginaceae

石龙尾属
Limnophila

俗名　菊藻、宝塔草。

识别特征　多年生草本植物。茎直立，平卧或匍匐而节上生根，简单或多分枝。叶有沉水叶和气生叶之分；前者轮生，撕裂、羽状开裂至毛发状多裂似菊叶；后者对生或轮生，有柄或无柄，全缘，撕裂或羽状开裂，被腺点。花无梗或具梗，单生叶腋或排列成顶生或腋生的穗状或总状花序。花冠长 6～10mm，紫蓝色或粉红色。蒴果为宿萼所包，室间开裂。种子小，多数。花、果期 7 月至翌年 1 月。

用途　全草入药，可用于治疗烧伤、烫伤、疮疡肿毒、头虱等。具有鱼缸观赏价值。

第五章

湿生
植物

湿生植物（aquatic plants）生长在潮湿的土壤中，通常不需要完全浸泡在水中。

根据植物对光照条件的要求，湿生植物又可分为阳性湿生植物和阴性湿生植物 2 种类型。阳性湿生植物喜强光，生长在水饱和的河湖岸边或沼泽地的植物，如灯芯草、半边莲、毛茛等。这类植物也常称为沼生植物或两栖植物。阴性湿生植物喜弱光，生长在土壤足够湿润、空气较湿润的环境中，如附生蕨类植物、附生兰科植物、海芋、秋海棠等。鄱阳湖生长的多为阳性湿生植物，阴性湿生植物种类较少。

从植物的生活型看，湿生植物可分成湿生草本植物和湿生木本植物。前者是指在潮湿环境中生长的草本植物，如灯芯草、鳢肠、丁香蓼等，而后者则是指在潮湿环境中生长的木本植物，如枫杨、旱柳。

湿生植物在湿地生态系统中具有重要的生态意义。它们的根系可以帮助固定湿地土壤，减少水流的冲刷和侵蚀，有助于维持湿地的稳定性。它们的根系也可以吸收过多的营养物质和污染物，起到净化水体的作用。此外，湿生植物还为动物提供了栖息地和食物资源。许多湿地鸟类、两栖动物和昆虫都依赖于湿生植物，以满足它们的生活需求。

01

—

水蕨
Ceratopteris thalictroides (L.) Brongn.

凤尾蕨科
Pteridaceae

水蕨属
Ceratopteris

俗名　薲、龙须菜、水芹菜。

识别特征　多年生蕨类植物。植株幼嫩时呈绿色，多汁柔软，由于水湿条件不同，形态差异较大，高可达70cm。根状茎短而直立，以一簇粗根着生于淤泥。叶簇生，二型；不育叶的柄绿色，圆柱形，肉质，不膨胀，上下几相等，光滑无毛，叶片直立或幼时漂浮，狭长圆形，二至四回羽状深裂；末回裂片为阔披针形或带状；能孕叶较高，分裂较深而细，末回裂片边缘向下反卷达主脉，线形至角果形，呈龙须状，故俗称"龙须菜"。

用途　可供药用，茎叶入药可治胎毒，消痰积；嫩叶可作蔬菜。

保护级别　国家二级重点保护野生植物。

02

老鸦瓣
Amana edulis
(Miq.) Honda

百合科
Liliaceae

老鸦瓣属
Amana

俗名　光慈菇、二叶郁金香。

识别特征　多年生草本植物。鳞茎卵形，黑褐色，径 1.5～2cm；茎皮纸质，内面密被长柔毛。叶基生，通常 2 枚；叶片条形，顶端渐尖，长 40cm，基部下延成鞘状，无毛。花葶 1～2 个，自鳞茎顶部抽出，上部有 2 枚对生的叶状苞片；花单生，花瓣 6 片，白色，外面有紫红色纵条纹，雄蕊 6 枚，花丝黄绿色、花药黄色，绿心黄蕊，入夏即枯。蒴果扁球形，具长喙。花期 2～4 月，果期 4～5 月。

用途　鳞茎入药，清热解毒，消肿散瘀，用于治疗疔肿、瘰疬、蛇虫咬伤。园林花卉。

03

饭包草
Commelina benghalensis L.

鸭跖草科
Commelinaccae

鸭跖草属
Commelina

俗名 圆叶鸭跖草、狼叶鸭跖草、竹叶菜、火柴头。

识别特征 多年生披散草本植物。茎大部分匍匐，节生根，上部及分枝上部上升，长达70cm，被疏柔毛。单叶互生，有明显的叶柄，叶片卵形或椭圆状卵形，全缘，边缘有毛；叶鞘口沿有疏而长的睫毛；佛焰苞片下部合生为漏斗状而压扁，几乎无柄。聚伞花序数朵，几不伸出佛焰苞外，花梗短；花瓣蓝色，雄蕊6枚，子房长圆形，有棱。蒴果圆形，含5颗种子，有窝孔及皱纹，黑色。花期7～10月，果期11～12月。

用途 可入菜，可入药，有清热解毒、利水消肿等功效。园林花卉。

04

鸭跖草
*Commelina
communis* L.

鸭跖草科
Commelinaceae

鸭跖草属
Commelina

俗名　淡竹叶、竹叶菜。

识别特征　一年生披散草本植物。茎匍匐生根，多分枝，长可达 1m，下部无毛，上部被短毛。叶互生，带肉质；卵状披针形，长 4～8cm，宽至 2cm，先端短尖；总苞片佛焰苞状，柄长 1.5～4cm，与叶对生，折叠状。聚伞花序，下面一枝仅有花 1 朵，不孕；上面一枝具花 3～4 朵，具短梗，几乎不伸出佛焰苞；萼片膜质，长约 5mm，内面 2 枚常靠近或合生；花瓣深蓝色；内面 2 枚具爪，长近 1cm。蒴果椭圆形，长 5～7mm，2 室，2 片裂，有种子 4 颗。花期 9～10 月，果期 10～11 月。

用途　全草入药，有清热解毒、利尿消肿之效，亦可治蛇虫咬伤。可作饲料，幼嫩茎叶可食用。园林花卉。

05

水竹叶

Murdannia triquetra (Wall.) Bruckn.

鸭跖草科
Commelinaceae

水竹叶属
Murdannia

俗名　细竹叶高草、肉草。

识别特征　多年生草本植物。根状茎长而横走，具叶鞘，节间长约6cm，节具细长须状根；茎肉质，下部匍匐，节生根，上部上升，多分枝，密生1列白色硬毛。叶无柄；竹叶形，平展或稍折叠。花序通常仅有单朵花，顶生并兼腋生，花序梗长1～4cm，顶生者梗长，腋生者短；萼片3枚，绿色，狭长圆形，浅舟状；花瓣3片，粉红色、紫红色或蓝紫色，倒卵圆形，稍长于萼片；雄蕊6枚，花丝密生长须毛。蒴果卵圆状三棱形，长5～7mm，直径3～4mm，每室有种子3颗。种子短柱状。花期9～10月，果期10～11月。

用途　可作饲料用，幼嫩茎叶可供食用。全草有清热解毒、利尿消肿之功效，亦可治蛇虫咬伤。

06

鸭舌草
Pontederia
vaginalis Burm. f.

雨久花科
Pontederiaceae

梭鱼草属
Pontederia

俗名　心叶假梭鱼草、卵形叶雨久花、猪耳菜。

识别特征　水生草本植物。全株无毛。根状茎极短，具柔软须根。茎直立或斜升，高 6～50cm，全株光滑无毛。叶基生和茎生，心状宽卵形、长卵形或披针形，长 2～7cm，先端短突尖或渐尖，基部圆或浅心形，全缘，具弧状脉，叶柄长 10～20cm。总状花序从叶柄中部抽出，且该处叶柄扩大成鞘状；花通常 3～5 朵，蓝色。蒴果卵形至长圆形，长约 1cm。种子多数，椭圆形。花期 8～9 月，果期 9～10 月。

用途　全草入药，具清热解毒、消痛止血之功效。嫩茎和叶可作蔬食，也可作猪饲料。

07

灯芯草

Juncus effusus L.

灯芯草科
Juncaceae

灯芯草属
Juncus

俗名　水灯草、灯心草。

识别特征　多年生草本植物。高 20～100cm 或更高。根状茎粗壮横走，具黄褐色须根。茎丛生，直立，圆柱形，径 1～3（～4）mm，绿色，代替叶片的光合作用；茎内充满白色的髓心，可作灯芯，故名"灯芯草"。叶全部为低出叶，褐色，呈鞘状或鳞片状，包围在茎的基部，叶片退化为刺芒状。聚伞花序假侧生，含多花，总苞片圆柱形，生于顶端，似茎的延伸，直立，长 5～28cm，顶端尖锐；花淡绿色。蒴果长圆形或卵形，黄褐色。种子卵状长圆形，黄褐色。花期 4～7 月，果期 6～9 月。

用途　茎内白色髓心除供点灯和烛心用外，入药有利尿、清凉、镇静作用；茎皮纤维可作编织和造纸原料。

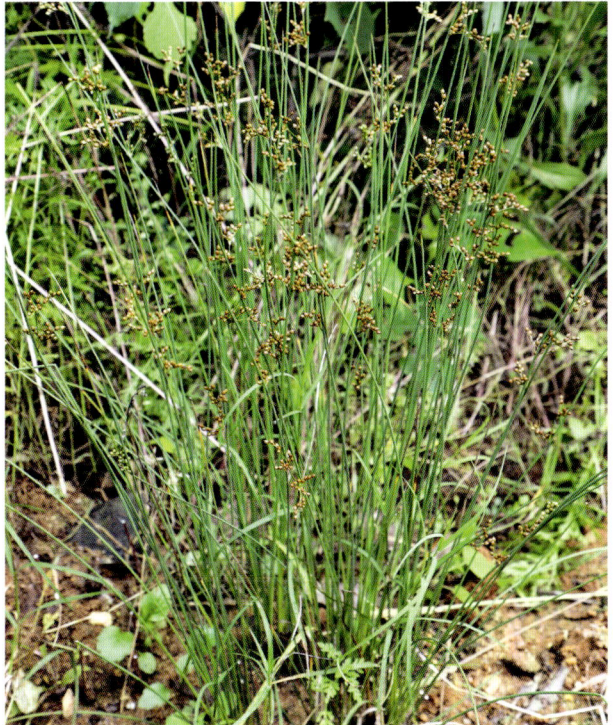

08

笄石菖

Juncus
prismatocarpus
R. Br.

灯芯草科
Juncaceae

灯芯草属
Juncus

俗名　水茅草、江南灯心草。

识别特征　多年生草本植物。高 17～65cm。茎丛生，圆柱形或稍扁，径 1～3mm。叶基生和茎生；基生叶少数，叶片线巧形，扁平，长 10～25cm，宽 2～4mm，顶端渐尖，似古时盘发的簪子（笄），故名"笄石菖"；叶鞘长 2～10cm，叶耳稍钝。头状花序，排成顶生复聚伞花序；叶状总包片线形，短于花序；苞片多枚，宽卵形或卵状披针形。蒴果三棱状圆锥形，具短尖头，1 室，淡褐或黄褐色。花期 3～6 月，果期 7～8 月。

用途　全株可入药。主治小便不利、尿血、淋沥水肿、咽喉炎、急性胃肠炎等。

09

灰化薹草
Carex cinerascens
Kük.

莎草科
Cyperaceae

薹草属
Carex

俗名　匍枝薹草、湖草、灰化薹草。

识别特征　多年生草本植物。秆丛生，高 25～60cm，锐三棱形，平滑，仅小穗下部稍粗糙，基部叶鞘无叶片，黄褐或褐色，稍网状分裂。叶短于秆，宽 2～4mm，边缘粗糙。花单性，雌雄同株，小穗 1～5；雄穗顶生，圆柱形，长 1～4cm，雌穗侧生，矩圆形或圆形，长 0.5～4cm；或小穗上部为雄花，下部雌花。果囊卵形，膜质，灰、淡绿或黄绿色；小坚果稍紧包于果囊中，倒卵状长圆形。花、果期 4～5 月。

用途　野生牧草，晒制干草后粉碎作为配合饲料的填充剂，也可青贮和作发酵饲料。

10

翼果薹草
Carex neurocarpa
Maxim.

莎草科
Cyperaceae

薹草属
Carex

俗名　脉果薹草、脉果薹草、头状薹草。

识别特征　多年生草本植物。根状茎短，木质。秆丛生，全株密生锈色点线，高 15～100cm，宽约 2mm，扁钝三棱形，平滑。叶宽 2～3mm，平张，边缘粗糙，先端渐尖；苞片 3 枚，下部的叶状，显著长于花序，无鞘，上部的刚毛针状。无辐射枝。穗状花序紧密，顶生，呈尖塔状圆柱形，长 2.5～8cm，宽 1～1.8cm；小穗多数，雄雌顺序，卵形，长 0.5～0.8cm。果囊卵形或宽卵形，长 2.5～4mm，中部以上边缘具微波状宽翅，故名"翼果薹草"。小坚果疏松地包于果囊中，卵形或椭圆形，淡棕色，长约 1mm。花、果期 6～8 月。

用途　药用。田间杂草。

11
二形鳞薹草
Carex dimorpholepis Steud.

莎草科
Cyperaceae

薹草属
Carex

俗名　鳞薹草、垂穗薹草、垂穗薹。

识别特征　多年生草本植物。根状茎短，秆丛生，株高 35～80cm，锐三棱形，上部粗糙，基部叶鞘红褐或黑褐色，无叶片。叶短于或等长于秆，宽 4～7mm，边缘稍反卷；苞片下部的 2 枚叶状，长于花序，上部的刚毛状。小穗 5～6 个，接近，顶端的雌雄顺序，长 4～6cm；侧生小穗雌性，上部 3 个基部具雄花，圆柱形，长 4.5～5.5cm，柄纤细，长 1.5～6cm，向上渐短，下垂，故俗称"垂穗薹草"；雌花鳞片倒卵状长圆形，先端微凹或平截，具粗糙长芒（芒长约 2.2mm），长 4～4.5mm，3 脉绿色，两侧白色膜质。果囊椭圆形或椭圆状披针形，长约 3mm，略扁，红褐色。花、果期 4～6 月。

用途　可药用。可作鱼、牛、马和羊等的饲料。含磷脂比较高，也可作农家肥。

12

异型莎草
Cyperus difformis L.

莎草科
Cyperaceae

莎草属
Cyperus

俗名　叉草、鹅五子、红头草。

识别特征　一年生草本植物。秆丛生，高 5～65cm，稍粗或细，扁三棱状，平滑，下部叶较多。叶短于秆，宽 2～6mm，平张或折合；叶鞘稍长，褐色，叶状苞片 2～3 枚，长于花序。长侧枝聚伞花序简单，少数为复出；头状花序球形，径 5～15mm，具极多数披针形或线形小穗，小穗长 2～8mm，宽 1mm；8～28 朵花，密聚；花柱极短，柱头 3 个。小坚果倒卵状椭圆形，三棱状，与鳞片近等长，淡黄色。花、果期 7～10 月。

用途　可入药，用于治疗热淋、小便不通、跌打损伤、吐血。还可用作家畜的饲料。田间杂草。

13

—

头状穗莎草
Cyperus glomeratus L.

莎草科
Cyperaceae
莎草属
Cyperus

俗名 喂香壶、状元花、三轮草。

识别特征 一年生草本植物。秆散生，高 50～95cm，钝三棱状，平滑，基部稍膨大，具少数叶。叶短于秆，宽 4～8mm，叶鞘长，红棕色。叶状苞片 3～4 枚，较花序长。复出长侧枝聚伞花序具 3～8 个辐射枝，辐射枝长短不等，最长达 12cm；穗状花序无总花梗，近于圆形、椭圆形或长圆形，呈头状，故名"头状穗莎草"；长 1～3cm，宽 0.6～1.7mm，具极多数小穗；小穗多列，排列极密，线状披针形或线形，稍扁；小穗整体形似古时状元帽两边高插的羽翎帽翅，故俗称"状元花"。小穗轴具白色透明翅；鳞片疏松排列，近长圆形，先端钝，膜质，红棕色，脉不明显，边缘稍内卷。小坚果长圆形，三棱状，长为鳞片的 1/2，灰色，具网纹。花、果期 6～10 月。

用途 全草可入药。嫩秆、嫩叶可作饲料，茎秆可供造纸。田间杂草。

14

碎米莎草
Cyperus iria L.

莎草科
Cyperaceae

莎草属
Cyperus

俗名　三方草、稻田莎草。

识别特征　一年生草本植物。无根状茎。秆丛生，扁三棱状，高 8～90cm，基部具少数叶。叶短于秆，宽 2～5mm，平展或折合；叶鞘短，红棕或紫棕色；叶状苞片 3～5 枚，下部的 2～3 片较花序长。穗状花序于长侧枝组成复出聚伞花序，卵形或长圆状卵形；长 1～4cm，具 5～22 个小穗；小穗松散排列，斜展，长圆形至线状披针形，压扁，长 0.4～1cm；每小穗有 5～22 朵花；鳞片疏松排列，宽倒卵形；雄蕊 3 枚，柱头 3 枚。小坚果，三棱状，与鳞片等长，褐色；无先出叶所形成的果囊。因其叶为三片，茎为扁三棱状，小坚果三棱形，故俗称"三方草"。花、果期 6～10 月。

用途　具有药用价值，祛风除湿、活血调经。园林、稻田杂草。

15

香附子
Cyperus rotundus L.

莎草科
Cyperaceae

莎草属
Cyperus

俗名 香附、旱三棱、香头草、梭梭草。

识别特征 多年生植物。匍匐根状茎较长，具椭圆形块茎。秆高 15～95cm，稍细，锐三棱状，基部块茎状。叶稍多，短于秆，宽 2～5mm，平展；叶鞘棕色，常裂成纤维状。具 2～4 枚叶状苞片，底下的 1～2 枚较花序长；侧枝长，聚伞花序较简单，具 3～6 条长短不一的辐射枝，每枝有小穗 2～20 个；小穗斜展，线形，长 1～3cm，宽 1.5～2mm，具 8～28 朵花。小坚果三棱形。由于其根相附连续而生，可以制香料，故名"香附子"。花、果期 5～11 月。

用途 根茎具有很高的药用价值，有理气解郁、调经止痛的功效。田间杂草。

16

日本看麦娘
Alopecurus
japonicus Steud.

禾本科
Poaceae

看麦娘属
Alopecurus

俗名　稍草、麦娘娘、麦陀陀草。

识别特征　一年生草本植物。秆少数丛生，直立或基部膝曲，具 3～4 节，高 20～50cm。叶鞘松弛；叶舌膜质；叶片上面粗糙，下面光滑。圆锥花序圆柱状，长 3～10cm，宽 0.4～1cm；小穗长圆状卵形，长 0.5～0.6cm；花药色淡或白色，长约 1mm，芒长 0.8～1.2cm。颖果半椭圆形，长 2～2.5mm。花、果期 2～5 月。

用途　全草可入药，有利湿消肿、清热解毒的功效。

17
长芒稗
Echinochloa caudata Roshev.

禾本科
Poaceae

稗属
Echinochloa

俗名 长芒野稗、长尾稗、稗草。

识别特征 一年生草本植物。秆高 1～2m。叶鞘无毛或常有疣基毛（或毛脱落仅留疣基），或仅有粗糙毛或仅边缘有毛；叶舌缺；叶片线形，两面无毛，边缘增厚而粗糙。圆锥花序稍下垂；主轴粗糙，具棱，疏被疣基长毛；分枝密集，常再分小枝。小穗卵状椭圆形，常带紫色，脉上具硬刺毛，有时疏生疣基毛；第一颖三角形，先端尖，具三脉；第二颖与小穗等长，顶端具长 0.1～0.2mm 的芒；第一外稃草质，具 3～5cm 的紫红色长芒，故名"长芒稗"；第二外稃革质，光亮，边缘包着同质的内稃。花、果期夏秋季。

用途 根及幼苗具有止血的功效，可用于治疗创伤出血不止。穗中采出的谷粒，供食用或酿酒。嫩株还可作饲草。

18

稗
Echinochloa crus-galli (L.) P. Beauv.

禾本科
Poaceae

稗属
Echinochloa

俗名　旱稗。

识别特征　一年生草本植物。秆高 50～150cm，光滑无毛，基部倾斜或膝曲。叶鞘疏松裹秆，平滑无毛，下部者长于而上部者短于节间；叶舌缺；叶片扁平，线形，边缘粗糙。圆锥花序直立，近尖塔形，长 8～15cm，宽 1.5～3cm；主轴具棱，粗糙或具疣基长刺毛；分枝斜上举或贴向主轴，有时再分小枝。但其上分枝常不具小枝；穗轴粗糙或生疣基长刺毛；小穗卵状椭圆形，长 3.5～5mm，通常无芒或具长不达 0.5cm 的短芒。花、果期 7～10 月。

用途　全草可作绿肥及饲料，也可入药，具有凉血止血的功效。茎、叶纤维可作造纸原料；种子磨粉可代粮、酿酒和制麦芽糖用。

19

无芒稗

Echinochloa crus-galli var. *mitis* (Pursh) Petermann

禾本科
Poaceae

稗属
Echinochloa

俗名　落地稗。

识别特征　一年生草本植物。秆高 50～120cm，直立，粗壮。叶片长 20～30cm，宽 6～12mm。叶鞘疏松裹秆，平滑无毛，叶舌缺；圆锥花序直立，长 10～20cm，分枝斜上举而开展，常再分枝。小穗卵状椭圆形，长约 3mm，无芒或具极短芒，故名"无芒稗"；芒长常不超过 0.5mm，脉上被疣基硬毛；具短柄或近无柄，密集在穗轴的一侧。花、果期 5～11 月。

用途　优质牧草。具有很强的适应能力，且在厌氧的情况下可以长时间存活，因此具有一定生态价值，但农业上认为无芒稗是一种稻田恶性杂草。

20

乱草

Eragrostis japonica
(Thunb.) Trin.

禾本科
Poaceae

画眉草属
Eragrostis

俗名　碎米知风草。

识别特征　一年生草本植物。秆直立或膝曲丛生，高 30～100cm。叶鞘无毛，通常长于节间，叶舌膜质，长约 0.5mm；叶平滑无毛。圆锥花序长圆形；整个花序常超过植株一半以上，分枝纤细，簇生或轮生，腋间无毛；小穗卵圆形，成熟后紫色，有 4～8 小花，自小穗轴自上而下逐节断落；颖近等长，长约 0.8mm，1 脉，先端钝；外稃宽椭圆形，侧脉明显，先端钝，第一外稃长约 1mm；内稃长约 0.8mm。颖果棕红色并透明，卵圆形。花序细长，分枝纤细，微风而动，且果实卵圆，形似碎米，故俗称"碎米知风草"。花、果期 6～11 月。

用途　全草入药，主治咳血、跌打损伤。优良牧草，各种家畜均喜食。也可作固堤保土植物。

21

牛鞭草

Hemarthria sibirica
(Gand.) Ohwi

禾本科
Poaceae

牛鞭草属
Hemarthria

俗名 扁穗牛鞭草。

识别特征 多年生草本植物。根状茎较匍匐横走，具分枝，节上生不定根及鳞片。秆直立部分高 20～40cm，直径 1～2mm，质稍硬，鞘口及叶舌具纤毛。叶片线形，长可达 10cm，宽 3～4mm，两面无毛。总状花序长 5～10cm，直径约 1.5mm，略扁，光滑无毛；无柄小穗陷入总状花序轴凹穴中，长卵形，长 4～5mm；第一颖近革质，等长于小穗，背面扁平，具 5～9 脉，两侧具脊，先端急尖或稍钝；第二颖纸质。颖果长卵形，长约 2mm。花、果期夏秋季。

用途 优良饮料，家畜喜食。根系发达，蔓生迅速，具护堤固沟的生态价值。

22

柳叶箬
Isachne globosa
(Thunb.) Kuntze

禾本科
Poaceae

柳叶箬属
Isachne

俗名 类黍柳叶箬、倒生草、白花草。

识别特征 多年生草本植物。秆丛生，直立或基部节上生根而倾斜，高 30～60cm，节上无毛。叶鞘短于节间，无毛，仅一侧边缘的上部或全部具疣基毛；叶舌纤毛状，长 1～2mm；叶片披针形，长 3～10cm，宽 3～8mm，顶端短渐尖，基部钝圆或微心形，两面均具微细毛而粗糙，全缘或微波状。圆锥花序顶生，长 3～11cm，宽 1.5～4cm，分枝斜升或开展，每一分枝着生 1～3 个小穗，小穗椭圆状球形，长 2～2.5mm，淡绿色至紫色，由 2 朵小花组成，花柱呈红紫色，从芒上伸出。颖果近球形，长 1mm。花、果期夏秋季。

用途 全株可入药，主治小便淋痛、跌打损伤。优良牧草，家畜喜食。

23

———

圆果雀稗

Paspalum scrobiculatum var. orbiculare (G. Forster) Hack.

禾本科
Poaceae

雀稗属
Paspalum

识别特征　多年生草本植物。秆直立，丛生，高 30～90cm。叶鞘长于其节间，无毛，鞘口有少数长柔毛，基部者生有白色柔毛；叶舌长约 1.5mm；叶片长披针形至线形，大多无毛。总状花序长 3～8cm，分枝腋间有长柔毛；小穗椭圆形或倒卵形，长 2～2.3mm，故名"圆果雀稗"。单生于穗轴一侧，覆瓦状排列成 2 行。花、果期 6～11 月。

用途　优良饲料，牛羊、鱼畜喜食。也可作护堤植物。

24
棒头草
Polypogon fugax
Nees ex Steud.

禾本科
Poaceae

棒头草属
Polypogon

俗名 狗尾稍草、稍草。

识别特征 一年生草本植物。秆丛生，基部膝曲，大都光滑，高 10～75cm。叶鞘光滑无毛，大都短于或下部者长于节间；叶舌膜质，长圆形；叶片扁平，微粗糙或下面光滑。圆锥花序穗状，长圆形或卵形，较疏松，初花时，上宽下窄，似农村用来捶打东西的木棒头，故名"棒头草"。分枝长可达 4cm；颖长圆形，疏被短纤毛，先端 2 浅裂，芒从裂口处伸出，细直，微粗糙。颖果椭圆形，1 面扁平。花、果期 4～9 月。

用途 优良牧草，作牛羊饲料。在水土保持方面具有一定的生态价值，但也是一种田间杂草。

25

禺毛茛
Ranunculus cantoniensis DC.

毛茛科
Ranunculaceae

毛茛属
Ranunculus

俗名　自扣草、水辣菜。

识别特征　多年生草本植物。茎高达 65cm，与叶柄均被开展糙毛。基生叶为三出复叶，小叶具柄，顶生小叶菱状卵形或宽卵形，3 深裂，具小齿；侧生小叶斜宽卵形，两面疏被糙伏毛；茎生叶较小。花序顶生，4～10 朵，花托被糙伏毛；雄蕊多数；花柱直或稍弯，较子房短，为其 1/3。聚合果球形；瘦果扁，斜倒卵圆形，无毛，具窄边。花、果期 3～9 月。

用途　全草可入药，用于治疗眼翳、目赤、黄疸、痈肿、风湿性关节炎、疟疾等症状。

26

紫云英
Astragalus sinicus
L.

豆科
Fabaceae

黄芪属
Astragalus

俗名　红花草籽。

识别特征　二年生草本植物。茎匍匐，多分枝，疏被白色柔毛。奇数羽状复叶，具 7 ～ 13 片小叶，长 5 ～ 15cm；托叶彼此离生，卵形，小叶倒卵形或椭圆形。总状花序有 5 ～ 10 朵花，花密集呈伞形；花冠紫红色，稀橙黄色，旗瓣倒卵形，基部渐窄成瓣柄，翼瓣较旗瓣短，龙骨瓣与旗瓣近等长；子房无毛或疏被白色短柔毛，具短柄。荚果线状长圆形，稍弯曲，长 1.2 ～ 2cm，具短喙，成熟时黑色，具隆起的网纹；果柄不伸出宿萼外。种子肾形，栗褐色，长约 3mm。花期 2 ～ 6 月，果期 3 ～ 7 月。

用途　我国重要的绿肥作物，可以提供全面的营养元素，特别是氮素养分，培养地力、改良土壤。园林花卉。

27

三叶朝天委陵菜

Potentilla supina
var. ternata
Peterm.

蔷薇科
Rosaceae

委陵菜属
Potentilla

俗名　东北委陵菜、灰白老鹳筋、三数老鹳筋、田野老鹳筋、小花委陵菜。

识别特征　一年生或二年生草本植物。植株分枝极多，矮小开展铺地或微上升，稀直立，故名"三叶朝天委陵菜"。基生叶有小叶3枚，顶生小叶常有2～3深裂或不裂。花序顶生，伞房状聚伞花序；花梗长0.8～1.5cm，被长柔毛；苞片长圆状披针形，花期与萼片近等长，果期略长于萼片：外面被短柔毛，先端急尖；花直径6～8mm；萼片5枚，三角卵形，先端急尖；花瓣5片，分离，黄色，倒卵形，稍短于萼片，顶端微凹；花柱近顶生，基部略增粗，柱头膨大。瘦果长圆形。花期3～5月，果期5～10月。

用途　药用具清热解毒、散瘀止血等功效。生长迅速，花期花朵繁密，可作公园地被植物使用。

28

下江委陵菜
Potentilla limprichtii
J. Krause

蔷薇科
Rosaceae

委陵菜属
Potentilla

俗名　鸡毛菜、铺地委陵菜、仰卧委陵菜。

识别特征　多年生草本植物。根肥厚，圆柱形。花茎纤弱，基部弯曲上升，稀铺散，高 15～30cm，被疏柔毛及稀疏绵毛。基生叶羽状复叶，有小叶片 4～8 对，间隔 1～2.5cm，连叶柄长 6～20cm；小叶对生稀互生，纸质，卵形，椭圆卵形或长圆倒卵形，长 1～2.5cm，宽 0.5～1.5cm，前部有 4～7 个齿牙状裂片或锯齿，基部楔形或阔楔形，最下部小叶仅有 2～3 个齿牙状裂片，两面绿色，上面伏生疏柔毛或脱落几无毛，下面被灰白色绵毛及疏柔毛；茎生叶为掌状 3 小叶，小叶形状与基生叶上部小叶相似。花序疏散，数朵，花梗纤细，长 3～4cm，被疏柔毛或绵毛；花直径 1～1.5cm；萼片三角卵形；花瓣 5 片，黄色，倒卵形，顶端微凹，比萼片长 0.5～1 倍。瘦果光滑。花、果期 10 月。

用途　和肉类搭配食用有健脾补肾、敛汗之功效，可以消除疲劳，增强免疫力，治疗体虚、阴虚盗汗、脾胃虚弱引起的消化不良。

29

——

枫杨
Pterocarya stenoptera C. DC.

胡桃科
Juglandaceae

枫杨属
Pterocarya

俗名　麻柳、马尿骚、蜈蚣柳。

识别特征　乔木。高达 30m。裸芽具柄，常几个叠生，密被锈褐色腺鳞。偶数稀奇数羽状复叶，叶轴具窄翅；小叶 10～16 枚，对生稀互生，无柄；长椭圆形或长椭圆状披针形，先端短尖，基部楔形至圆，具内弯细锯齿；整个复叶形似蜈蚣，故俗称"蜈蚣柳"。花单性，雄性柔荑花序长约 6～10cm，单独生于去年生枝条上叶痕腋内；雌柔荑花序顶生，长 10～15cm，花序轴密被星状毛及单毛；雌花苞片无毛或近无毛。果序长 20～45cm，果序轴常被毛；果长椭圆形，长 6～7mm；果翅条状长圆形，长 1.2～2cm，宽 3～6mm。由于其种子具有狭长的翅与檞树相似，古代称"檞树"为"枫"，又因枝叶下垂如杨柳，故名"枫杨"。花期 4～5 月，果期 8～9 月。

用途　可作绿化树种。树皮与枝皮含鞣质，可供纤维；果实可作饲料、酿酒；种子可榨油。

30
旱柳
Salix matsudana Koidz.

杨柳科
Salicaceae

柳属
Salix

俗名　河柳、江柳、直柳、立柳。

识别特征　乔木。高达 18m，胸径 80cm。枝细长，直立或斜展，无毛，幼枝有毛。芽微有柔毛。单叶互生，披针形，长 5～10cm，宽 1～1.5cm，基部窄圆或楔形，下面苍白或带白色，有细腺齿，幼叶有丝状柔毛；叶柄上面有长柔毛，托叶披针形或缺，有细腺齿。花单性，雌雄异株，稀同株；花序与叶同放；雄花序圆柱形，长 1.5～3cm，多少有花序梗，轴有长毛；雄蕊 2 枚，花丝基部有长毛；花药卵形，黄色；雌花序长 2cm，有 3～5 个生于花序梗上。果序长 2～2.5cm，子房近无柄，无毛，无花柱或很短，蒴果 2 瓣裂。种子小。因其能在旱地生长，故名"旱柳"。花期 4 月，果期 4～5 月。

用途　以嫩叶或枝叶入药，味微苦，性寒，有散风、祛湿、清湿热的功效。细枝可编筐。早春蜜源树，也可作水土保持、四旁绿化树种。

31

乌桕
Triadica sebifera
(L.) Small

大戟科
Euphorbiaceae

乌桕属
Triadica

俗名　木子树、桕子树、腊子树、米桕、糠桕、多果乌桕。

识别特征　乔木。高达 15m。树皮暗灰色，有纵裂纹。枝广展，具皮孔。单叶互生，纸质，叶片菱形或菱状卵形，长 5～10cm，宽 5～9cm，顶端骤然紧缩具长短不等的尖头，基部阔楔形或钝，全缘；叶柄纤弱，长 2～6cm，顶端具 2 腺体。花单性，雌雄同株，聚集成顶生的总状花序，长 3～12cm，雄上雌下，或全为雄花。蒴果梨状球形，成熟时黑色。具 3 种子，分果脱落后而中轴宿存。种子扁球形，黑色，外被白色、蜡质的假种皮。花期 4～8 月，果期 6～11 月。

用途　叶为黑色染料。根皮治毒蛇咬伤。白色蜡质层（假种皮）可制肥皂、蜡烛。水土保持、园林植物。

32

—

假柳叶菜

Ludwigia epilobioides Maxim.

柳叶菜科
Onagraceae

丁香蓼属
Ludwigia

俗名 假丁香蓼。

识别特征 一年生粗状直立草本植物。茎高30～150cm，粗3～1.2cm，四棱形，带紫红色，多分枝。单叶互生，狭椭圆形至狭披针形，长2～10cm，宽0.5～2cm，先端渐尖，基部狭楔形，似柳叶，也似蓼叶。花单生于叶腋，萼片4～5枚，三角状卵形，绿色；花瓣4片，黄色，倒卵形，子房下位，细长，整朵花形似丁香花，故俗称"假丁香蓼"。蒴果近无梗，初有4～5棱，熟后圆柱形，长1～2.8cm，径0.2～0.3cm，稍弯，花萼宿存。种子狭卵球状，长0.7～1.4mm，径0.3～0.4mm，埋于内果皮中。花期8～10月，果期9～11月。

用途 全草入药，有清热利水之功效，治痢疾效果显著。嫩枝叶可作饲料。

33

海边月见草
Oenothera drummondii Hook.

柳叶菜科
Onagraceae

月见草属
Oenothera

俗名　海芙蓉、待宵草。

识别特征　一年至多年生草本植物。直立或平铺，茎长20～50cm，全株被白色或带紫色的曲柔毛与长柔毛。单叶互生，基生叶灰绿色，狭倒披针形至椭圆形，长5～12cm，宽1～2cm，先端锐尖；茎生叶稍小。花序穗状，疏生茎枝顶端，通常夜间开放，故名"海边月见草"；花管长2.5～5cm，径约0.1～0.2cm，花瓣4，黄色，宽倒卵形，长2～4cm，宽2.5～4.5cm，先端截形或微凹。蒴果圆柱状，长2.5～5.5cm，径0.2～0.3cm。种子椭圆状，褐色，多数。因其在我国沿海海滨野化且形似木芙蓉，故俗称"海芙蓉"。花期5～8月，果期8～11月。

用途　花色鲜黄亮丽，具有较高的观赏价值。根系发达，是良好的防风固沙植物和海岸沙地绿化植物。全草入药，可治疗风热感冒、咽喉肿痛、口腔炎和急性结膜炎等。归化植物。

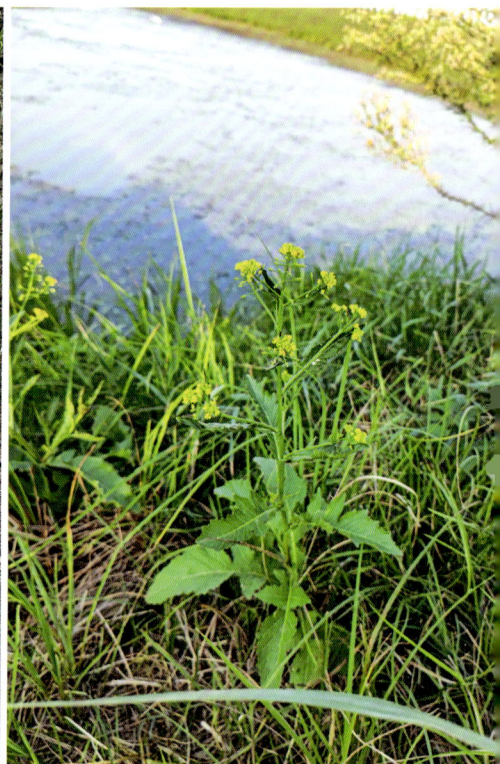

34

风花菜
Rorippa globosa
(Turcz. ex Fisch. &
C. A. Mey.) Hayek

十字花科
Brassicaceae

蔊菜属
Rorippa

俗名　圆果蔊菜、球果蔊菜、云南亚麻荠。

识别特征　一或二年生草本植物。直立粗壮茎单一，高 15～90cm，基部木质化，下部被白色长毛。基生叶多数、簇生、有柄，一回羽状深裂，长达 5～15cm，顶生裂片较大，卵形，侧生裂片较小，5～8 对，边缘有钝齿，早枯；茎生叶互生，披针形，自下而上，由有柄到无柄、由羽状分裂到不裂、由有锯齿到全缘。总状花序多数，呈圆锥花序式排列；萼片 4 枚；花瓣 4 片，黄色。短角果实近球形，径约 0.2cm，果瓣隆起，故俗称"球果蔊菜"。花期 4～6 月，果期 7～9 月。

用途　植株质地细嫩，类似荠菜的风味，具清热利尿、解毒的功效。

35

—

蓼子草
Persicaria criopolitana (Hance) Migo

蓼科
Polygonaceae

蓼属
Persicaria

俗名 土莲蓬、细叶一枝莲、辣蓼。

识别特征 一年生草本植物。茎平卧，丛生，节部生根，高 10～15cm，被平伏长毛及稀疏腺毛。单叶互生，叶窄披针形或披针形，长 1～3cm，宽 0.3～0.8cm，先端尖，基部窄楔形，两面被糙伏毛，边缘具缘毛及腺毛；叶柄极短或近无柄，托叶鞘密被糙伏毛，顶端平截，具长缘毛。头状花序顶生，花序梗密被腺毛；花被5深裂，淡红色，花被片卵形，长 3～5mm。瘦果椭圆形，扁平，双凸，长约 2.5mm。因其叶为窄披针形或披针形且头状花序顶生为淡红色，形似莲花，故俗称"细叶一枝莲"。花期 7～11 月，果期 9～12 月。

用途 味微苦、辛，性平，主治感冒发热、毒蛇咬伤；花粉丰富，泌蜜量大，是蜂群过冬的蜜源。沤制农家田肥时，能将田地里面的泥鳅、黄鳝、虾蟹等辣晕，故又俗称"辣蓼"。

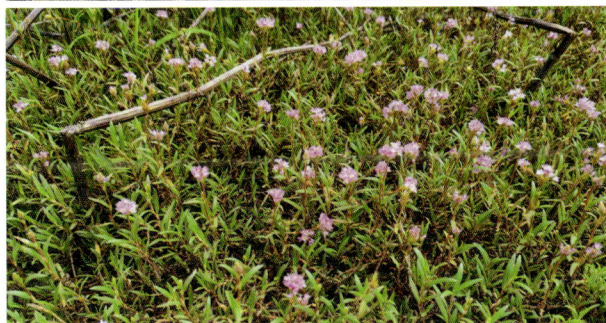

36

密毛酸模叶蓼

Persicaria lapathifolia var. lanata (Roxb.) H. Hara

蓼科
Polygonaceae

蓼属
Persicaria

俗名 水红花子。

识别特征 一年生草本植物。全植株密被白色绵毛，株高 50～70cm。茎直立，分枝，节部膨大。叶披针形或宽披针形，渐尖，长 8～12cm，宽 4～6cm，叶背密被银色长伏毛；托叶鞘筒状，长 1.5～3cm；叶柄短。数个穗状花序组成圆锥状，花序梗被腺体，花被 4（5）深裂，淡红或白色，花被片椭圆形，顶端分叉，外弯；雄蕊 6，花柱 2。瘦果宽卵形，扁平，双凹，长 2～3mm，黑褐色，包于宿存花被内。花期 6～8 月，果期 7～9 月。

用途 全草入药，有清热利水之功效。嫩枝叶可作饲料。

37

疏蓼
Persicaria
praetermissa
(Hook.f.) H.Hara

蓼科
Polygonaceae

萹蓄属
Polygonum

俗名 疏忽蓼。

识别特征 一年生草本植物。茎下部仰卧，节部生根，上部近直立或上升，分枝，具稀疏的倒生皮刺，高30～90cm。单叶互生，叶披针形或狭长圆形，长4～8cm，宽0.5～1.5cm，顶端钝或近急尖，基部箭形，裂片长圆形，顶端尖，最上部的叶近无柄；托叶鞘筒状，膜质。花序穗状，花排列稀疏，故名"疏蓼"；花序梗二歧状分枝；苞片漏斗状，包围花序轴，每苞内具2～4花；花被4深裂，淡红色。瘦果近球形，包于宿存花被内。花期6～8月，果期7～9月。

用途 具清热利尿、解毒之功效，进行人工驯化栽培，食用部分为幼苗及嫩株。

38

萹蓄
Polygonum
aviculare L.

蓼科
Polygonaceae

萹蓄属
Polygonum

俗名　竹叶草、大蚂蚁草。

识别特征　一年生草本植物。茎平卧、上升或直立，高10～40cm，自基部多分枝，具纵棱；节间长短不一，常被白粉。单叶互生，叶椭圆形、窄椭圆形或披针形，长1～4cm，宽0.6～1cm，先端圆或尖，基部楔形，全缘，无毛；叶柄短，基部具关节，托叶鞘膜质，下部褐色，上部白色，撕裂。花单生或数朵簇生叶腋，遍布植株；苞片薄膜质；花被5深裂，椭圆形，暗绿色，边缘白色或淡红色。花期5～7月，果期6～8月。

用途　全草药用，有通经利尿、清热解毒之功效。

39
习见蓼蓄
Polygonum plebeium R. Br.

蓼科
Polygonaceae

蓼蓄属
Polygonum

俗名 小扁蓄、腋花蓼、习见蓼。

识别特征 一年生草本植物。茎平卧，基部分枝，长 10～40cm，具纵棱，小枝节间较叶片短。叶窄椭圆形或倒披针形，长 0.5～1.5cm，宽 0.2～0.4cm，基部窄楔形，托叶鞘白色，顶端撕裂。花 3～6 朵，簇生叶腋，故俗称"腋花蓼"；遍布植株，花被 5 深裂，花被片长椭圆形，绿色，边缘白或淡红色；雄蕊 5 枚，花柱 3 个，极短。瘦果宽卵形，具 3 棱或扁平，双凸，黑褐色。花期 5～8 月，果期 6～9 月。

用途 全草可用于治疗恶疮疥癣、淋浊、蛔虫病。

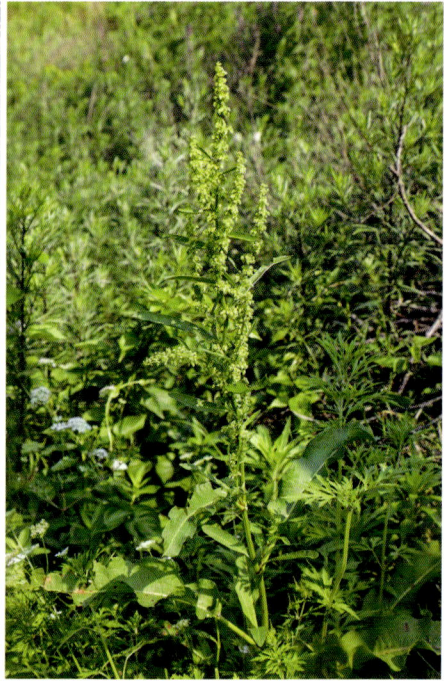

俗名　酸摸、酸模。

识别特征　多年生草本植物。茎直立，高 50～100cm，上部分枝，具沟槽。基生叶长圆形或披针状长圆形，长 8～25cm，宽 3～10cm，基部圆或心形，边缘微波状，叶柄长 4～12cm；茎上部叶窄长圆形，叶柄较短；托叶鞘膜质，易开裂，早落。根粗大呈黄色。花序圆锥状，花两性，多花轮生；花梗细长；花被片 6，淡绿色，外花被片椭圆形，长 1.5～2mm，内花被片果时增大，宽心形，长 4～5mm，网脉明显。花期 5～6月，果期 6～7月。

用途　治疗皮肤病、疣癣、出血、肝炎及其他各种炎症等。叶可炒食，由于具有独特的酸味故俗称"酸模"。可作家禽的饲料。根富含淀粉，可用于酿酒。种子去皮可作为米饭煮食。

40

羊蹄
Rumex japonicus
Houtt.

蓼科
Polygonaceae

酸模属
Rumex

41
长刺酸模
Rumex trisetifer
Stokes

蓼科
Polygonaceae

酸模属
Rumex

俗名　海滨酸模、假菠菜、跌打草。

识别特征　一年生草本植物。茎直立，高 30～80cm，褐色或红褐色，具沟槽，分枝开展。茎下部叶长圆形或披针状长圆形，长 8～20cm，宽 2～5cm，顶端急尖，基部楔形，边缘波状；茎上部的叶较小，狭披针形；叶柄长 1～5cm；托叶鞘膜质，早落。花序总状，顶生和腋生，具叶，再组成大型圆锥状花序；花两性，多花轮生，上部较紧密，下部稀疏，间断；花梗细长；花被片 6 枚，2 轮，黄绿色，外花被片披针形，较小，内花被片果时增大，狭三角状卵形，边缘每侧具 1 个针刺，针刺长 3～4mm，故名"长刺酸模"。瘦果椭圆形，长 1.5～2mm。花期 5～6 月，果期 6～7 月。

用途　杀虫、清热、凉血，用于治疗痈疮肿痛、秃疮疥癣、跌打肿痛，在农村常被用作治疗跌打损伤，故俗称"跌打草"。

俗名　水牛膝、蜢蜞菊、节节花。

识别特征　多年生草本植物。高达 45cm。单叶对生，叶条状披针形、长圆形、倒卵形、卵状长圆形，先端尖或圆钝，长 1～8cm，宽 0.2～2cm，顶端急尖、圆形或圆钝，基部渐狭，全缘或有不显明锯齿。头状花序 1～4 个，腋生，无总花梗，初为球形，后渐成圆柱形，直径 3～6mm；花密生，花轴密生白色柔毛；苞片及小苞片白色，顶端短渐尖，无毛。胞果倒心形，长 2～2.5mm，侧扁，包在宿存花被片内。种子卵球形。花期 5～7 月，果期 7～9 月。

用途　全株入药，外用拔毒止痒，治疗毒虫咬伤。嫩叶作为野菜食用，也可作饲料。

42

莲子草
Alternanthera sessilis (L.) R. Br. ex DC.

苋科
Amaranthaceae

莲子草属
Alternanthera

43

喜旱莲子草
Alternanthera philoxeroides
(Mart.) Griseb.

苋科
Amaranthaceae

莲子草属
Alternanthera

俗名 空心莲子草、水花生、革命草。

识别特征 多年生草本植物。茎基部匍匐，中空，上部上升，长达 1.2m，具分枝，幼茎及叶腋被白或锈色柔毛，老时无毛。单叶对生，叶长圆形、长圆状倒卵形或倒卵状披针形，长 2.5～5cm，先端尖或圆钝，具短尖，基部渐窄，呈闭合虾钳状，全缘，叶柄长 0.3～1cm。头状花序具花序梗，单生叶腋，白色花被片长圆形，侧面看起来像莲花，故名"喜旱莲子草"；小花花丝，基部连成杯状，子房倒卵形，具短柄。花期 5～6 月，果期 8～10 月。

用途 全植物入药，主治牙痛、痢疾。嫩叶作为野菜食用。可作饲料。外来入侵植物，严重影响水体环境。

44

金毛耳草
Hedyotis
chrysotricha
(Palib.) Merr.

茜草科
Rubiaceae

耳草属
Hedyotis

俗名　石打穿、黄毛耳草。

识别特征　多年生草本植物。基部木质，被金黄色硬毛。单叶对生，纸质，宽披针形、椭圆形或卵形，先端短尖，基部楔形，上面疏被硬毛，下面被黄色绒毛；脉上毛密，侧脉 2～3 对；托叶短合生，上部长渐尖，具疏齿，被疏柔毛。聚伞花序腋生，有花 1～3 朵，被金黄色疏柔毛；花冠 4 个，白色或紫色，漏斗状，花冠裂片长圆形，与冠筒等长或略短；雄蕊内藏。蒴果球形，被疏硬毛，不裂；果近球形，被扩展硬毛，成熟时不开裂，内有种子数粒。该植物全株黄色毛，故名"金毛耳草"。花、果期几乎全年。

用途　根药用治疟疾、急性肾炎。叶捣烂，外敷治疮疡、跌打；叶研成末，治烧伤烫伤及外伤出血；取叶鲜汁，冲酒内服治蛇伤。种子油制肥皂。

45

—

水茫草
Limosella aquatica
L.

玄参科
Scrophulariaceae

水茫草属
Limosella

俗名　伏水茫草。

识别特征　一年生水生或湿生草本植物。高 3 ～ 5cm，罕达 10cm，个体小，丛生，全体无毛。根簇生，短须状。具纤细而短的匍匐茎，几乎没有直立茎。叶簇生或成莲座状，宽线形或窄匙形，长 0.3 ～ 1.5cm，梢肉质；具长柄，柄长 1 ～ 4cm，稀可达 9cm。花 3 ～ 10 朵生于叶丛中；花梗细长，长 7 ～ 13mm；花萼钟状，膜质，长 1.5 ～ 2.5mm；花冠 5 个，白色或带红色；雄蕊 4 枚，等长。蒴果卵圆形，长约 3mm，伸出宿存花萼。种子纺锤形。花、果期 4 ～ 9 月。

用途　全草可入药。清热解毒、生津，主治咽喉肿痛、热毒泻痢。

46

泥花草

Lindernia antipoda
(L.) Alston

母草科
Linderniaceae

陌上菜属
Lindernia

俗名　鸡蛋头棵。

识别特征　一年生草本植物。茎下部节上生根，弯曲上升，高达 30cm，有沟纹。单叶对生，叶长圆形、长圆状披针形，长 0.3～4cm，宽 0.6～1.2cm，基部楔形、下延有宽短叶柄，而近于抱茎，两面无毛，叶脉羽状。花多在茎枝顶端成总状，长达 15cm，有花 2～20 朵，对生居多，花梗长达 1.5cm；花冠紫、紫白或白色，上唇 2 裂，下唇 3 裂，上、下唇近等长。蒴果圆柱形，顶端渐尖，长约为宿萼 2 倍或较多。花、果期 3～10 月。

用途　全株药用，有消肿祛毒之功效。

47

陌上菜
Lindernia procumbens (Krock.) Borbas

母草科
Linderniaceae

陌上菜属
Lindernia

俗名　母草、白猪母菜、六月雪。

识别特征　直立草本植物。形态矮小，茎高5～20cm，基部多分枝，无毛。单叶对生，无柄；叶椭圆形或长圆形，多少带菱形，长1～2.5cm，宽0.6～1.2cm，两面无毛；叶脉并行，自叶基发出3～5条。花单生叶腋；花冠粉红或紫色，向上渐扩大，上唇长约1mm，2浅裂，下唇长约3mm，3裂，侧裂椭圆形较小，中裂圆形，向前突出；柱头2裂。蒴果球形或卵球形，与萼近等长或稍长，室间2裂。花期7～10月，果期9～11月。

用途　具有药用价值，幼嫩茎叶常作佐料食用。稻田中的杂草，多生于田埂，故名"陌上菜"。

48

半枝莲
Scutellaria barbata
D. Don

唇形科
Lamiaceae

黄芩属
Scutellaria

俗名　狭叶韩信草、并头草、瘦黄芩、赶山鞭、牙刷草。

识别特征　多年生草本植物。茎无毛或上部疏被平伏柔毛。叶三角状卵形或卵状披针形，先端尖，基部宽楔形或近平截，疏生浅钝牙齿，两面近无毛或沿脉疏被平伏柔毛。花单生于枝顶或茎部叶腋，同侧着生，故名"半枝莲"，形似牙刷，故俗称"牙刷草"；花冠紫蓝色，上唇半圆形，下唇中裂片梯形，侧裂片三角状卵形。小坚果褐色，扁球形，径约1mm，被瘤点。花、果期4～7月。

用途　全草入药，具清热解毒、活血祛瘀、消肿止痛、抗癌之功效。天气炎热生痱子可用全草泡水擦洗。

49

匍茎通泉草

Mazus miquelii Makino

通泉草科
Mazaceae

通泉草属
Mazus

俗名 通泉草。

识别特征 多年生草本植物。茎有直立茎和匍匐茎，直立茎斜升，高 10～15cm；匍匐茎花期发出，长 15～20cm，常生不定根。叶以基生为主，成莲座状或对生，倒卵状匙形，有长柄，连柄长 3～7cm，边缘具粗锯齿；直立茎生叶，互生；葡匐茎生叶，多对生。总状花序顶生，伸长，花疏稀；花梗在下部的长达 2cm，越往上越短；花冠唇形，紫色或白色，有紫斑。蒴果圆球形，稍伸出于萼筒。花、果期 2～8 月。

用途 全草入药，味苦性平，有止痛、健胃、解毒的功效。园林花卉。

50

通泉草
Mazus pumilus
(Burm. f.) Steenis

通泉草科
Mazaceae

通泉草属
Mazus

俗名　绿兰花、脓泡药、汤湿草、猪胡椒、野田菜、鹅肠草、绿蓝花。

识别特征　一年生草本植物。茎 1～5 枝，直立，上升或倾卧状上升，高 3～30cm，无毛或疏生短柔毛。基生叶莲座状或早落，长 2～6cm；茎生叶对生或互生，少数；叶片倒卵状匙形至卵状倒披针形，边缘具不规则的粗钝锯齿或基部有 1～2 浅裂。总状花序顶生，常从近基部即生花，通常 3～20 朵，花疏稀；花萼钟状；花冠唇形，白色、紫色或蓝色，上唇 2 裂，下唇 3 裂，中间裂片较小，整体呈蝴蝶状。蒴果球形。种子小而多数，黄色，种皮上有不规则的网纹。花、果期 4～10 月。

用途　全草入药，主治偏头痛、消化不良；外用治疗疮、脓疱疮、烫伤。园林花卉。

51

半边莲

Lobelia chinensis
Lour.

桔梗科
Campanulaceae

半边莲属
Lobelia

俗名 瓜仁草、细米草、急解索。

识别特征 多年生草本植物。全株无毛，茎匍匐，节上生根，分枝直立，高达15cm。叶互生，无柄或近无柄，椭圆状披针形或线形，长0.8～2.5cm，先端急尖，基部圆或宽楔形。花通常1朵，生于分枝的上部叶腋；花梗长1.2～2.5（3.5）cm，基部有长约1mm的小苞片0～2枚；花萼筒倒长锥状，长3～5mm；花冠5个，裂片平展，排成半圆，粉红色或白色，其质如莲，故名"半边莲"。蒴果倒锥状，长约6mm。种子椭圆状，稍扁压，近肉色。花、果期5～10月。

用途 全草可供药用。主治蛇虫咬伤，农谚有云"有人识得半边莲，夜半可伴毒蛇眠"。观赏价值很高，又有趣味性。

52
—
蒌蒿
Artemisia selengensis Turcz. ex Bess.

菊科
Asteraceae

蒿属
Artemisia

俗名 藜蒿、泥蒿、水艾、蒌白蒿。

识别特征 多年生草本植物，清香味浓烈。茎少数分枝或单一，主达 10～50cm，嫩时质脆易折，被曲柔毛，有时混生长柔毛，在茎上部常混生腺毛。单叶互生，叶上面无毛或近无毛，下面密被灰白色蛛丝状平贴绵毛；茎下部叶宽卵形或卵形，近成掌状或指状，5 或 3 全裂或深裂，稀间有 7 裂或不分裂的叶，裂片线形或线状披针形；叶缘或裂片有锯齿，基部楔形，渐窄成柄状。头状花序多数，直径 2～2.5mm，近无梗，在分枝上排成密穗状花序。瘦果卵圆形，略扁，上端偶有不对称的花冠着生面。花、果期 7～10 月。

用途 药食同源，嫩茎、芦芽均可食用；主治五脏邪气、风寒湿痹，有补中益气、消炎、镇咳、化痰之功效。

53

石胡荽
Centipeda minima
(L.) A. Braun &
Asch.

菊科
Asteraceae

石胡荽属
Centipeda

俗名　球子草、鹅不食草。

识别特征　一年生草本植物。茎多分枝，高 5～20cm，匍匐状，微被蛛丝状毛或无毛。单叶互生，叶楔状倒披针形，长 0.7～2cm，宽 0.3～0.5cm，先端钝，基部楔形，边缘有少数锯齿，无毛或下面微被蛛丝状毛。头状花序小，扁球形，直径 0.3cm，故俗称"球子草"，花序梗无或极短；总苞半球形，总苞片 2 层，椭圆状披针形，绿色，边缘透明膜质，外层较大；边花雌性，多层，花冠细管状，淡绿黄色；盘花两性，花冠管状，4 深裂，淡紫红色，下部有明显的窄管。瘦果椭圆形，具 4 棱，棱有长毛，无冠状冠毛。植株辛味强烈，家禽、家畜不喜食，故又俗称"鹅不食草"。花、果期 6～10 月。

用途　药用可塞鼻孔内，治疗脑漏症状。干粉可作为饲料添加剂，能减少家禽的发病。

54

鳢肠

Eclipta prostrata
(L.) L.

菊科
Asteraceae

鳢肠属
Eclipta

俗名 墨旱莲、墨汁草、黑发草。

识别特征 一年生草本植物。茎基部分枝，被贴生糙毛。叶长圆状披针形或披针形，长 3～10cm，边缘有细锯齿或波状，两面密被糙毛，无柄或柄极短。茎叶折断会有黑色汁液，似鳢鱼的肠子，故名"鳢肠"。头状花序，径 6～8mm，序梗长 2～4cm；总苞球状钟形，总苞片绿色，草质，长圆形或长圆状披针形；外围的雌花 2 层，舌状，长 2～3mm，中央的两性花多数，花冠管状，长约 1.5mm。整个花序似莲蓬，故俗称"墨旱莲"。花、果期 6～9 月。

用途 全草可供药用，可固发黑发，故又俗称"黑发草"，还有止血、补肾之功效。

55
匙叶合冠鼠曲
Gamochaeta
pensylvanica
(Willd.) Cabrera

菊科
Asteraceae

合冠鼠曲属
Gamochaeta

俗名　匙叶鼠麴草、匙叶合冠鼠曲草。

识别特征　一年生草本植物。茎高 30～45cm，被白色棉毛。茎下部叶无柄，倒披针形或匙形，长 6～10cm，全缘或微波状，上面被疏毛，下面密被灰白色棉毛；中部叶倒卵状长圆形或匙状长圆形，先端刺尖状；叶具 5～7 脉。头状花序，白色至褐色，多数，成束簇生，排成顶生或腋生、紧密的穗状花序。瘦果长圆形，长约 0.5mm，有乳头状突起。花、果期 12 月至翌年 5 月。

用途　全草可入药。

56
鼠曲草
Pseudognaphalium affine (D. Don) Anderb.

菊科
Asteraceae

鼠曲草属
Pseudognaphalium

俗名　田艾、清明菜。

识别特征　一年生草本植物。茎直立或基部有匍匐或斜上分枝，被白色厚棉毛。叶无柄，匙状倒披针形或倒卵状匙形，长 2～7cm，宽 0.4～1.2cm，顶端圆，具刺尖头，两面被白色棉毛，上面常较薄，叶脉 1 条，在下面不明显；整个叶片形似鼠耳，故名"鼠曲草"。头状花序径 2～3mm，在枝顶密集成伞房状，花黄或淡黄色。瘦果倒卵形或倒卵状圆柱形，长约 0.5mm。花期 4～6 月，8～10 月。

用途　茎叶入药，具有化痰止咳、祛风除湿、解毒之功效。鼠曲草可与糯米做成清明粿，益气补肺，和缓脾胃。

57

泥胡菜

Hemisteptia lyrata
(Bunge) Fischer &
C. A. Mey.

菊科
Asteraceae

泥胡菜属
Hemisteptia

俗名　艾草、猪兜菜、石灰菜。

识别特征　一年生草本植物。茎单生，高 30～100cm，具纵棱，光滑或有白色蛛丝状毛，上部分枝。基生叶莲座状，倒披针形或倒披针状椭圆形，长 7～20cm，宽 2～6cm，提琴状羽状分裂，顶裂片较大，卵状菱形或三角形，有时 3 裂，侧裂片 7～8 对，有柄；中部叶椭圆形，先端渐尖，羽状分裂，无柄；上部叶小，线状披针形至线形，全缘或浅裂；全部叶片背面都覆一层白绒毛，故俗称"石灰菜"。头状花序少数，具长梗，疏生茎顶排列成伞房状；总苞倒圆锥状钟形或球形，径 1.5～3cm；总苞片 5～8 层，覆瓦状排列；花全为管状，淡紫红色，顶端深 5 裂，裂片线形，被总苞紧箍。花、果期 5～8 月。

用途　全草可入药，具有消肿散结、清热解毒之功效。食用价值很高。

58

—

稻槎菜

Lapsanastrum apogonoides (Maxim.) Pak & K. Bremer

菊科
Asteraceae

稻槎菜属
Lapsanastrum

俗名　稻搓菜、稻骨子草、田荠。

识别特征　一年生草本植物。茎基部簇生分枝及莲座状叶丛；茎枝被柔毛或无毛。基生叶椭圆形、长椭圆状匙形或长匙形，长 3～7cm，大头羽状全裂或几全裂，顶裂片卵形、菱形或椭圆形，边缘有极稀疏小尖头，或长椭圆形有大锯齿，齿顶有小尖头；整个叶片形似荠菜叶，故俗称"田荠"。头状花序排成疏散伞房状圆锥花序；全部为舌状花，黄色，两性。瘦果淡黄色，椭圆形或长椭圆状倒披针形，长 4.5mm，有 12 条纵肋，顶端两侧有 1 枚长钩刺；无冠毛。花、果期 1～6 月。

用途　全草药用，治咽喉炎、痢疾、疮疡肿毒。可用作猪饲料。园林花卉。

59

裸柱菊
Soliva anthemifolia
(Juss.) R. Br.

菊科
Asteraceae

裸柱菊属
Soliva

俗名 座地菊、九龙吐珠。

识别特征 一年生草本植物。植株矮小；茎极短，平卧，故俗称"座地菊"。叶互生，长 5～10cm，二至三回羽状分裂，裂片线形，全缘或 3 裂，被长柔毛或近无毛，有柄。头状花序近球形，无梗，生于茎基部；总苞片 2 层，长圆形或披针形，边缘干膜质；边缘雌花无花冠；中央两性花少数，花冠管状，黄色，顶端 3 裂齿，基部渐窄，常不结实。瘦果倒披针形，扁平，有厚翅，顶端圆，有长柔毛，花柱宿存，下部翅有横皱纹。花、果期全年。

用途 全草入药，鲜用或晒干，具有解毒散结的功效。外来入侵植物。

60

—

蛇床

Cnidium monnieri
(L.) Spreng.

伞形科
Apiaceae

蛇床属
Cnidium

俗名　山胡萝卜、蛇粟、蛇床子、蛇米。

识别特征　一年生草本植物。茎直立，高 10～60cm，有分枝，中空，疏生细柔毛或几无毛，具纵棱。基生叶轮廓呈矩圆形或卵形，叶鞘宽短；上部叶柄具白色叶鞘，叶卵形至三角状卵形，长 3～8cm，宽 2～5cm；2～3 回三出式羽状全裂，末回裂片线形至线状披针形，长 0.3～1cm，宽 0.1～0.2cm，具白色小尖头，边缘及脉上粗糙。复伞形花序直径 2～3cm；总苞片 6～10，线形至线状披针形；伞辐 8～20，不等长，长 0.5～2cm；小总苞片多数，线形，长 0.3～0.5cm；小伞形花序具花 15～20；花瓣白色，先端凹陷内折。分生果长圆状，主棱 5，无毛，似古时兵器莲花锤。因其花和果与胡萝卜极为相似，故俗称"山胡萝卜"。花期 4～7 月，果期 6～10 月。

用途　果实蛇床子，入药有燥湿、杀虫止痒、壮阳的功效。还可制成农药，配制杀虫、杀菌剂。

第六章

中生草本植物

中生草本植物（mesophytic herb）是指生长在中等湿度地方的草本植物。它们既不能忍受严重干旱，也不能忍受长期的水涝，它们的形态结构和生理特征也介于旱生植物和湿生植物之间。中生植物逐步发展形成了一整套保持水分平衡的结构和功能，一方面其根系和输导系统比湿生植物发达，保证了能吸收更多的水分；另一方面，叶片表面有角质层，栅栏组织比湿生植物发达，防止水分过度蒸腾。

　　中生草本植物在生态系统中扮演着稳固土壤、保持水源和提供食物的重要角色。它们的浅根系统有助于防止土壤侵蚀，保持土壤的稳定性。在草地生态系统中，中生草本植物也是许多野生动物的重要食物来源，同时也为一些草食动物提供栖息地。

01

—

菵草
Beckmannia
syzigachne
(Steud.) Fernald

禾本科
Poaceae

菵草属
Beckmannia

俗名 罔草。

识别特征 一年生草本植物。秆丛生；高 15～90cm，1～4 节。叶鞘无毛，多长于节间，叶舌长 3～8mm，膜质；叶片长 5～20cm，宽 0.3～1cm。圆锥花序狭窄，长 10～30cm，由多数简短的穗状花序组成，分枝稀疏，直立或斜升；小穗灰绿色，具 1 小花，长约 3mm；几为圆形，两侧压扁，近无柄，成两行覆瓦状排列于穗轴一侧；颖背部灰绿色，具淡色横纹；外稃常具伸出颖外之短尖头；花药黄色，长约 1mm。颖果黄褐色，长圆形，长约 1.5mm，顶端具丛生毛。花、果期 4～10 月。

用途 春、夏两季生长迅速，枝叶繁茂，宜早期收割，贮制干草。草质柔软，谷粒可食，滋养健胃，营养价值较高，亦可作为牧草。

02

狗牙根
Cynodon dactylon
(L.) Persoon

禾本科
Poaceae

狗牙根属
Cynodon

俗名　铁线草、绊根草、堑头草、百慕达草。

识别特征　多年生草本植物。秆细而坚韧，下部匍匐地面蔓延甚长，节上常生不定根，直立部分高 10～30cm，秆壁厚，光滑无毛，有时略两侧压扁。叶鞘微具脊，无毛或有疏柔毛，鞘口常具柔毛；叶舌仅为一轮纤毛；叶片线形，通常两面无毛。穗状花序通常 3～6，长 1.5～5cm，指状排列于茎顶；小穗灰绿色或带紫色，两侧压扁，通常为 1 小花，无柄，双行覆瓦状排列于穗轴的一侧。颖果长圆柱形。花、果期 5～10 月。

习性与用途　根茎蔓延力很强，且发达的不定根牢牢地把它固于地表，似狗咬住不放，故名"狗牙根"。良好的固堤保土植物。优良牧草，牛、马、兔、鸡等喜食。具有祛风活络、凉血止血、解毒的功效。

03

五节芒
Miscanthus floridulus (Labill.) Warburg ex K. Schumann

禾本科
Poaceae

芒属
Miscanthus

俗名 芒草、管芒、管草。

识别特征 多年生草本植物。有发达根状茎，秆高大似竹，高 2～4m，无毛，节下具白粉。嫩秆清甜、中空，故俗称"管芒""管草"。叶鞘无毛，鞘节具微毛，长于或上部者稍短于其节间；叶舌长 1～2mm，顶端具纤毛；叶片披针状线形，长 25～60cm，宽 1.5～3cm，扁平，基部渐窄或呈圆形，顶端长渐尖，中脉粗壮隆起，两面无毛，或上面基部有柔毛，边缘有粗锯齿，划手易伤。圆锥花序大型，稠密；紫红色，长 30～50cm，主轴粗壮，延伸达花序的 2/3 以上，无毛；分枝较细弱，长 15～20cm，通常 10 多枚簇生于基部各节，具 2～3 回小枝，腋间生柔毛。花、果期 5～10 月。

用途 根系发达，耐旱性较好，具有较高的水土保持价值。幼叶作饲料，秆可作造纸原料。根状茎有利尿的功效。果序可当扫帚。

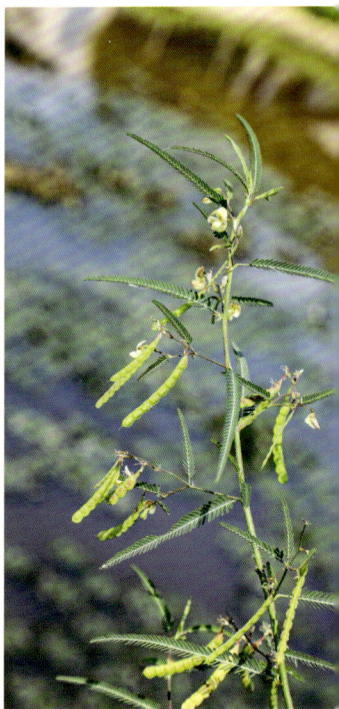

04

合萌
Aeschynomene indica L.

豆科
Fabaceae

合萌属
Aeschynomene

俗名　镰刀草、田皂角。

识别特征　一年生亚灌木状草本植物。茎直立，多分枝，无毛，稍粗糙。奇数羽状复叶互生，稀对生，具21～41小叶或更多；托叶卵形或披针形，基部下延，边缘有缺刻。总状花序短于叶，腋生，长1.5～2cm；花冠黄色，具紫色条纹，早落，旗瓣近圆形，几无瓣柄，翼瓣短于旗瓣，龙骨瓣长于翼瓣，呈半月形。荚果线状长圆形，直或微弯，形似镰刀，故俗称"镰刀草"。荚果横向分节，不开裂，成熟时逐节脱落。种子肾形，黑棕色。花期7～8月，果期8～10月。

用途　优良的绿肥植物。全草入药，能利尿解毒。茎髓质地轻软，耐水湿，可制遮阳帽、浮子、救生圈和瓶塞等。种子有毒，不可食用。

05

—

野大豆
Glycine soja
Siebold & Zucc.

豆科
Fabaceae

大豆属
Glycine

俗名　乌豆、野黄豆、白花宽叶蔓豆。

识别特征　一年生草质草本植物。茎缠绕，全株疏被褐色长硬毛；茎纤细，长 1～4m。叶具 3 枚小叶；顶生小叶卵圆形或卵状披针形，先端急尖或钝，基部圆，两面均密被绢质糙伏毛，侧生小叶偏斜。总状花序通常短，稀长可达 13cm；花小，长约 5mm；花冠淡红紫色或白色，旗瓣近圆形，先端微凹，基部具短瓣柄，翼瓣斜倒卵形，有明显的耳，龙骨瓣比旗瓣及翼瓣短小，密被长毛。荚果长圆形，稍弯，两侧扁，长 1.7～2.3cm，宽 0.4～0.5cm，密被长硬毛，种子间稍缢缩，干后易裂，有种子 2～3 颗。种子椭圆形，稍扁，褐色或黑色。花期 7～8 月，果期 8～10 月。

用途　全草可药用，有补气血、强壮、利尿等功效。可作家畜喜食的饲料。其茎皮纤维可织麻袋，种子可食用、制酱、榨油等。

保护级别　国家二级重点保护野生植物。

06

鸡眼草

Kummerowia striata (Thunb.) Schindl.

豆科
Fabaceae

鸡眼草属
Kummerowia

俗名　公母草、牛黄黄、掐不齐。

识别特征　一年生草本植物。叶为三出羽状复叶，膜质托叶大，卵状长圆形，小叶纸质，倒卵形至长圆形，先端圆形，基部近圆形，全缘。花小，单生或 2～3 朵簇生于叶腋，花冠粉红色或紫色，较萼约长 1 倍，旗瓣椭圆形，具耳，龙骨瓣比旗瓣稍长或近等长，翼瓣比龙骨瓣稍短。荚果圆形或倒卵形，稍侧扁，长 3.5～5mm，较萼稍长或长达 1 倍，先端短尖，被小柔毛。花期 7～9月，果期 8～10 月。

用途　优良的一年生豆科牧草。全草供药用，有利尿通淋、解热止痢的功效；全草煎水，可治风疹。良好的裸露地地被植物，适宜于废弃矿山、边坡绿化，为优良的保土植物。可作饲料和绿肥。

俗名　葛藤、野葛。

识别特征　落叶草质藤本植物。长可达8m，全体被黄色长硬毛。茎基部木质，有粗厚的块状根。羽状复叶具3枚小叶，托叶背着，卵状长圆形，具线条；小叶3裂，稀全缘，顶生小叶宽卵形或斜卵形，先端长渐尖，侧生小叶斜卵形，稍小，上面被淡黄色、平伏的疏柔毛，下面较密；小叶柄被黄褐色绒毛。总状花序长15～30cm，花2～3朵聚生于花序轴的节上；花萼钟形，长8～10mm，被黄褐色柔毛，裂片披针形，渐尖；花冠长1.0～1.2cm，紫色，旗瓣倒卵形。荚果长椭圆形，扁平，被褐色长硬毛。花期7～9月，果期10～12月。

用途　根供药用，有解表退热、生津止渴、止泻的功效。可制成粉状食品。茎皮纤维供织布和造纸用。良好的水土保持植物。

07

葛

Pueraria montana var. lobata (Ohwi) Maesen & S. M. Almeida

豆科
Fabaceae

葛属
Pueraria

08
—
苎麻
Boehmeria nivea
(L.) Gaudich.

荨麻科
Urticaceae

苎麻属
Boehmeria

俗名 野麻、青麻、白麻、家麻。

识别特征 亚灌木或灌木植物。全体密被长柔毛，高0.5～1.5m；茎上部与叶柄均密被开展长硬毛和糙毛。叶互生，圆卵形或宽卵形，长6～15cm，宽4～11cm，顶端骤尖，基部近截形或宽楔形，边缘在基部之上有牙齿；叶柄长2.5～9.5cm；托叶分生，钻状披针形，长0.7～1.1cm。圆锥花序腋生，雄团伞花序花少数；雌团伞花序花多数密集；雄花花被片4，合生至中部；雄蕊4。瘦果近球形，基部缢缩成细柄。花期5～10月，果期9～11月。

用途 植物中优良的纺织纤维，苎麻纤维纺织出来的纯麻纱和与毛、丝、棉、化纤等混纺的纱，可以制成各种高档的服饰面料。嫩茎可作饲料。

09

盒子草
Actinostemma
tencrum Griff.

葫芦科
Cucurbitaceae

盒子草属
Actinostemma

俗名　合子草、黄丝藤、葫篓棵子。

识别特征　一年生草本植物。柔弱攀缘；枝纤细。单叶互生，叶心状戟形，心状窄卵形、宽卵形或披针状三角形，长 3～12cm，宽 2～8cm，边缘微波状或疏生锯齿，基部弯缺半圆形、长圆形或深心形，两面疏生疣状凸起；叶柄细，长 2～6cm，被柔毛，卷须细，2 叉，稀单一。花单性，雌雄同株，雄花序总状或圆锥状。果卵形、宽卵形或长圆状椭圆形，长 1.6～2.5cm，疏生暗绿色鳞片状凸起，近中部盖裂，果盖锥形，像盒子，故名"盒子草"。种子 2～4 颗。花期 7～9 月，果期 9～11 月。

用途　种子及全草药用，有利尿消肿、清热解毒、去湿的功效。种子含油，可制肥皂，油饼可作肥料及猪饲料。

10

酢浆草
Oxalis corniculata
L.

酢浆草科
Oxalidaceae

酢浆草属
Oxalis

俗名　酸味草、酸三叶、酸醋酱、鸠酸。

识别特征　多年生草本植物。高 10 ~ 35cm，全株被柔毛。根茎稍肥厚。茎细弱，多分枝，直立或匍匐，匍匐茎节上生根。叶基生或茎上互生；3 小叶，无柄，辐射对称；味酸，故俗称"酸味草"；托叶小，长圆形或卵形，边缘被密长柔毛，基部与叶柄合生，或同一植株下部托叶明显而上部托叶不明显。花单生或数朵集为伞形花序状，腋生，总花梗淡红色，与叶近等长；花瓣5，黄色，长圆状倒卵形。蒴果长圆柱形，长 1 ~ 2.5cm，5 棱。种子长卵形，长 1 ~ 1.5mm，褐色或红棕色，具横向肋状网纹。花、果期 2 ~ 9 月。

用途　有清热利湿、凉血散瘀、解毒消肿的功效。茎叶含草酸，可用以磨镜或擦铜器，使其有光泽。园林绿化极好的地被植物。

11

小连翘

Hypericum erectum Thunb. ex Murray

金丝桃科
Hypericaceae

金丝桃属
Hypericum

俗名 小翘、七层兰、瑞香草。

识别特征 多年生草本植物。单叶对生，全缘，长椭圆形或长卵形，长1.5～5cm，先端钝，基部心形抱茎，无柄，叶下面被黑腺点，近边缘密被腺点，侧脉约5对，脉网较密。伞房状聚伞花序，花径约1.5cm，平展；萼片卵状披针形，具黑色腺点；花瓣黄色，倒卵状长圆形，长约7mm，上部具黑色腺点，宿存；雄蕊3束，每束具8～10枚雄蕊，宿存；花柱3个，基部离生。蒴果卵球形，长约1cm，具纵纹。花期7～8月，果期8～9月。

用途 有止血的功效，可用于治疗刀伤，作洗涤料，兼为咽喉之含漱剂、风湿性疾患之湿布剂。生草打汁外用于创伤、跌打损伤等。

12

野老鹳草
Geranium carolinianum L.

牻牛儿苗科
Geraniaceae

老鹳草属
Geranium

俗名　老鹳嘴、老鸦嘴、野老鹤草。

识别特征　一年生草本植物。茎直立或仰卧，高 20～60cm。基生叶早枯，茎生叶互生或最上部对生；叶片圆肾形，长 2～3cm，宽 4～6cm，基部心形，掌状 5～7 裂近基部，裂片楔状倒卵形或菱形，下部楔形、全缘，上部羽状深裂，小裂片条状矩圆形，先端急尖。花序腋生和顶生，长于叶，被倒生短毛和开展长腺毛，每花序梗具 2 朵花，花序梗常数个簇生茎端，花序呈伞形。蒴果被糙毛，长约 2cm，形似鹳鸟的嘴，故名"野老鹳草"。花期 4～7 月，果期 5～9 月。

用途　全草可入药，有祛风收敛和止泻的功效。猪、牛等牲畜的良好饲料。兼具防浪护堤和固沙保土的功能，还可作为观花地被植物。

13

磨盘草
Abutilon indicum
(L.) Sweet

锦葵科
Malvaceae

苘麻属
Abutilon

俗名　耳响草、磨挡草、石磨子。

识别特征　一年生或多年生直立亚灌木状草本植物。分枝多，高达 1～2.5m；全株均被灰色短柔毛。单叶互生，卵圆形或近圆形，先端尖或渐尖，基部心形，具不规则钝齿，两面被灰或灰白色星状柔毛；叶柄长 2～5cm，托叶钻形，密被灰色柔毛，常外弯。花单生叶腋。花冠黄色，直径 2～2.5cm，花瓣 5，长 0.7～0.8cm。果为倒圆锥形，直径约 1.5cm，先端截形，具短芒，被星状长硬毛，整体形似石磨的磨盘，故名"磨盘草"。种子肾形，被星状疏柔毛。花期 7～10 月，果期 10～12 月。

用途　可为麻类的代用品，供织麻布、搓绳索和加工成人造棉供织物和垫充料。全草供药用，有散风、清血热、开窍、活血的功效，可用于治疗耳聋。

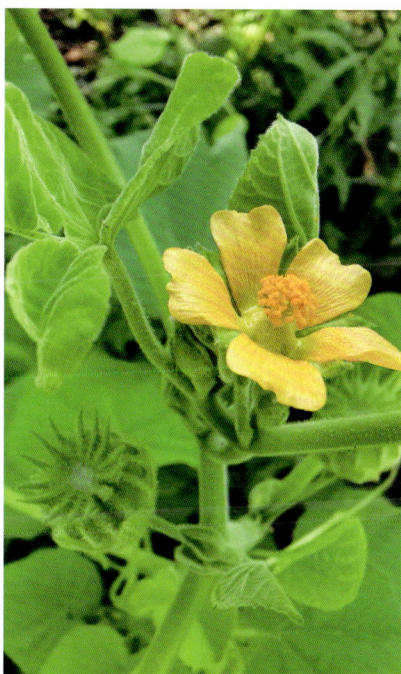

14

马松子

Melochia corchorifolia L.

锦葵科
Malvaceae

马松子属
Melochia

俗名 巧克力草、野路葵、红草。

识别特征 半灌木状草本植物。株高不及 1m；枝黄褐色，略被星状短柔毛。单叶互生，薄纸质，卵形、长圆状卵形或披针形，稀不明显 3 浅裂，先端尖或钝，基部圆或心形，有锯齿，上面近无毛，下面略被星状柔毛。花萼钟状，5 浅裂，长约 2.5mm，外面被长柔毛和刚毛，内面无毛，裂片三角形；花瓣 5，白色，后淡红色，长圆形，长约 6mm，基部收缩；小花与锦葵科的冬葵很相似，故俗称"野路葵"。种子卵圆形，略成三角状，褐黑色。花、果期 6～11 月。

用途 治疗皮肤瘙痒、癣症、瘾疹、湿疮、湿疹、阴部湿痒等症状。茎皮纤维可与黄麻混纺以制麻袋。

15

扛板归

Persicaria
perfoliata (L.) H.
Gross

蓼科
Polygonaceae

蓼属
Persicaria

俗名　河白草、贯叶蓼。

识别特征　一年生草本植物。茎攀缘，多分枝，长 1 ～ 2m，略呈方柱形，有棱角；表面紫红色或紫棕色，棱角上有倒生钩刺，节略膨大，节间长 2 ～ 6cm，断面纤维性，黄白色，有髓或中空。单叶互生，叶片多皱缩，展平后呈近等边三角形，灰绿色至红棕色，下表面叶脉和叶柄均有倒生钩刺；托叶鞘包于茎节上或脱落。短穗状花序顶生或生于上部叶腋，苞片圆形，花小，多萎缩或脱落。花期 6 ～ 8 月，果期 7 ～ 10 月。

用途　集食、饲、药用于一身，不仅可以采集加工成可口的菜肴，也是优质畜禽饲用植物，正常食用、喂饲有利于人畜健康，还具有较高的药用价值。

16
雀舌草
Stellaria alsine
Grimm

石竹科
Caryophyllaceae

繁缕属
Stellaria

俗名　葶苈子、天蓬草。

识别特征　二年生草本植物。高 15～35cm，全株无毛。茎丛生，稍铺散，上升，多分枝。单叶对生，叶无柄，叶片披针形至长圆状披针形，长 5～20mm，宽 2～4mm，基部楔形，半抱茎，顶端渐尖，形如雀舌，故名"雀舌草"，边缘软骨质，呈微波状，基部具疏缘毛，两面微显粉绿色。聚伞花序通常具 3～5 朵花，顶生或花单生叶腋；花瓣 5 片，白色，2 深裂几达基部，裂片条形，钝头。蒴果卵圆形，与宿存萼等长或稍长，6 齿裂，含多数种子。种子肾脏形，微扁，褐色，具皱纹状凸起。花期 5～6 月，果期 7～8 月。

用途　全草可入药，其味甘、微苦，性温，有祛风除湿、活血消肿、解毒止血的功效，可用于治疗伤风感冒、小儿腹泻、疔疮、毒蛇咬伤等病症。民间还常用于治疗痔漏、跌打损伤等。

17

青葙
Celosia argentea
L.

苋科
Amaranthaceae

青葙属
Celosia

俗名　狗尾草、百日红、鸡冠花。

识别特征　一年生草本植物。高达 1m，多有分枝，绿色或红色，具显明条纹，全株无毛。单叶互生，长圆状披针形、披针形或披针状条形，长 5～8cm，宽 1～3cm，绿色常带红色，先端尖或渐尖，具小芒尖，基部渐窄；叶柄长 0.2～1.5cm，或无叶柄。穗状花序长 3～10cm；苞片、小苞片和花被片干膜质，光亮，淡红色。胞果卵形，长 3～3.5mm，包在宿存花被片内。种子肾形，扁平，双凸，径约 1.5mm。花期 5～8 月，果期 6～10 月。

用途　治疗湿热带下、小便不利、创伤出血等疾病，种子"青葙子"可供药用，有清热明目之功效。花序宿存经久不凋，也可用来观赏。

18

小藜
*Chenopodium
ficifolium* Sm.

苋科
Amaranthaceae

藜属
Chenopodium

俗名 灰菜。

识别特征 一年生草本植物。茎直立，高达50cm，具条棱及色条。叶互生，有柄，卵状长圆形，长2.5～5cm，宽1～3.5cm，表面有白粉，先端具短尖头，具深波状锯齿，中部以下具侧裂片，常各具2浅裂齿。顶生圆锥状花序；花两性；花被近球形，5深裂，裂片宽卵形，不开展，背面具纵脊。胞果包在花被内，果皮与种子贴生。种子双凸镜形，径约1mm，黑色，有光泽，周边微钝，具六角形细洼状纹饰胚环形。花期4～5月，果期5～10月。

习性与用途 疏风清热、祛湿解毒、杀虫；用于治疗风热感冒、腹泻痢疾、疮疡肿毒、挤癣瘙痒、荨麻疹、白癜风、虫咬伤。食用野菜。

19

垂序商陆
Phytolacca americana L.

商陆科
Phytolaccaceae

商陆属
Phytolacca

俗名　美洲商陆、洋商陆、见肿消、胭脂草。

识别特征　多年生草本植物。株高达 2m。茎圆柱形，有时带紫红色。单叶互生，全缘，椭圆状卵形或卵状披针形，先端尖，基部楔形。总状花序顶生或与叶对生，纤细，花较稀少；花白色，微带红晕，花被片 5，雄蕊、心皮及花柱均为 10，心皮连合。果序一串串地下垂，浆果扁球形，熟时紫黑色，多汁液；果子掐开呈深红紫色，故俗称"胭脂草"。种子肾圆形。花期 6～8 月，果期 8～10 月。

用途　根、种子、叶供药用，全草可作农药。叶有解热作用，可以治脚气，外用可治无名肿毒及皮肤寄生虫病，故又俗称"见肿消"。外来入侵植物。

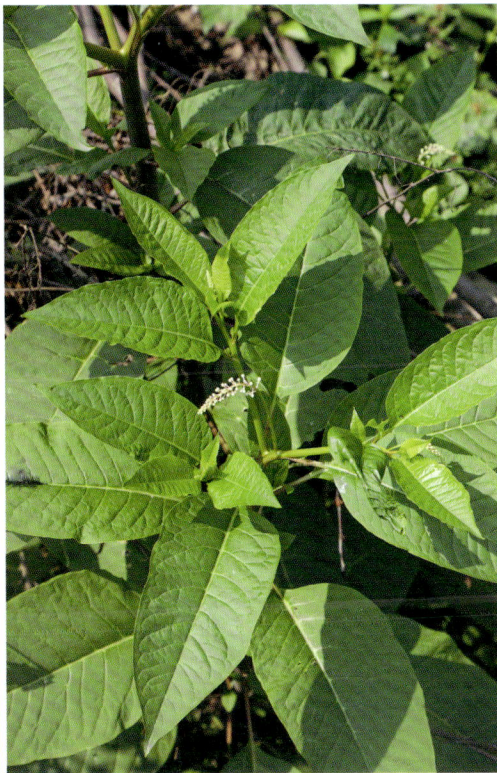

20

拉拉藤
Galium spurium L.

茜草科
Rubiaceae

拉拉藤属
Galium

俗名　猪殃殃、八仙草、爬拉殃。

识别特征　多年生草本植物。多枝、蔓生或攀缘状草本，通常高 30～90cm。茎有 4 棱角；棱上、叶缘、叶脉上均有倒生的小刺毛。3～8 叶轮生，稀对生。叶纸质或近膜质，先端有针状凸尖头，基部渐窄，两面常有紧贴刺毛，常萎软状，干后常卷缩，1 脉。聚伞花序腋生或顶生；花冠黄绿或白色，辐状，裂片长圆形，镊合状排列。果干燥，密被钩毛，果柄直，长达 2.5cm，每一果室有 1 颗平凸的种子。花期 3～7 月，果期 4～11 月。

用途　全草药用，可清热解毒、消肿止痛、利尿、散瘀。优质蜜源。可制作绿肥。

21

鸡屎藤
Paederia foetida L.

茜草科
Rubiaceae

鸡屎藤属
Paederia

俗名 毛鸡屎藤、狭叶鸡矢藤、疏花鸡矢藤。

识别特征 多年生草质藤本植物。茎呈扁圆柱形，稍扭曲，无毛或近无毛，老茎灰棕色，栓皮常脱落，有纵皱纹及叶柄断痕，易折断，断面平坦，灰黄色；嫩茎黑褐色，质韧，不易折断，断面纤维性，灰白色或浅绿色。单叶对生，膜质，卵形或披针形，长 5 ～ 10cm，宽 2 ～ 4cm，顶端短尖或削尖，基部浑圆，有时心形，叶上面无毛，在下面脉上被微毛；叶子揉碎后会散发一种鸡屎的臭味，故名"鸡屎藤"。圆锥花序腋生或顶生，长 6 ～ 18cm。小坚果浅黑色，具 1 阔翅。花期 5 ～ 6 月，果期 9 ～ 10 月。

用途 用于治疗风湿筋骨痛，跌打损伤，外伤性疼痛，腹泻，痢疾，消化不良，小儿疳积，肺痨咯血，肝胆、胃肠绞痛，黄胆型肝炎，支气管炎，放射反应引起的白细胞减少症，农药中毒；外用治疗皮炎、湿疹及疮疡肿毒。

22

打碗花
Calystegia hederacea Wall.

旋花科
Convolvulaceae

打碗花属
Calystegia

俗名　老母猪草、旋花苦蔓。

识别特征　一年生草本植物。茎平卧，具细棱。茎基部叶长圆形，先端圆，基部戟形；茎上部叶三角状戟形，侧裂片常 2 裂，中裂片披针状或卵状三角形；叶柄长 1～5cm。花单生腋生，花梗长于叶柄，有细棱；萼片长圆形，有尖头，紧贴花冠，有内外之分，外 2 片明显；花冠淡紫色或淡红色，钟状，长 2～4cm，花冠管较浅，冠檐近截形或微裂。蒴果卵球形，长约 1cm，宿存萼片与之近等长或稍短。种子黑褐色，表面有小疣。花、果期 5～8 月。

用途　主治脾虚消化不良、月经不调、白带、乳汁稀少等症状。嫩茎叶和根可食用。恶性杂草。

23

—

菟丝子
Cuscuta chinensis
Lam.

旋花科
Convolvulaceae

菟丝子属
Cuscuta

俗名　吐丝子、豆寄生、无根草。

识别特征　一年生寄生草本植物。茎缠绕，黄色，纤细，直径约 1mm。无叶。花序侧生，少花至多花密集成聚伞状伞团花序，花序无梗；花冠白色，壶形，长约 3mm，裂片三角状卵形，先端反折。蒴果球形，径约 3mm，为宿存花冠全包，周裂。种子 2～4 颗，卵圆形，淡褐色，长 1mm，粗糙。花期 7～8 月，果期 8～9 月。

用途　种子药用，有补肝肾、益精壮阳、止泻的功效。有害杂草，对农作物、果树有危害。

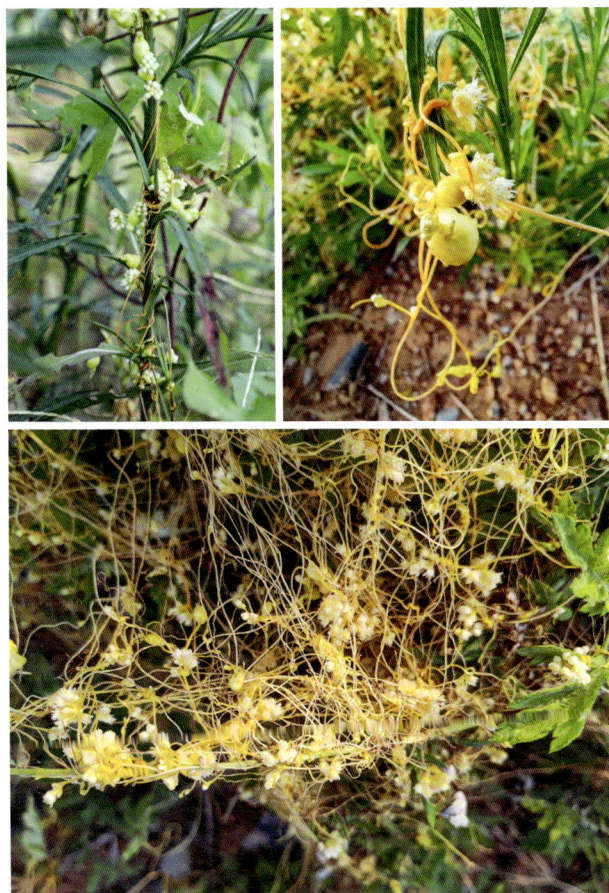

24

牵牛

Ipomoea nil (L.)
Roth

旋花科
Convolvulaceae

番薯属
Ipomoea

俗名 牵牛花、喇叭花、裂叶牵牛。

识别特征 一年生草本植物。茎缠绕，被倒向的短柔毛及杂有倒向或开展的长硬毛。叶宽卵形或近圆形，深或浅的 3 裂，偶 5 裂，长 4 ~ 15cm，宽 4.5 ~ 14cm，先端渐尖，基部心形；叶柄长 2 ~ 15cm。花腋生，1 ~ 2 朵着生于花序梗顶，花序梗常短于叶柄，毛被同茎；苞片线形或叶状，被开展的微硬毛；花梗长 0.2 ~ 0.7cm；小苞片线形；萼片 5 枚，近等长，2 ~ 2.5cm，披针状线形，内面 2 片稍狭，外面被开展的刚毛，基部更密，不紧贴花冠；花冠漏斗状，长 5 ~ 8cm，花冠管较长，整花形似喇叭，故俗称"喇叭花"。种子卵状三棱形，被微柔毛，长约 6mm，黑褐色或米黄色，被褐色短绒毛。花期 6 ~ 9 月，果期 9 ~ 10 月。

用途 泄水通便，消痰涤饮，杀虫攻积；可用于治疗水肿胀满、气逆咳喘、虫积腹痛等症。

25

三裂叶薯
Ipomoea triloba L.

旋花科
Convolvulaceae

番薯属
Ipomoea

俗名　小花假番薯、红花野牵牛。

识别特征　一年生草本植物。无块状根茎。茎缠绕或平卧，无毛或茎节疏被柔毛。叶形多变，有宽卵形、圆形、心形，基部心形，全缘，具粗齿，或有 3 裂，或有不裂，叶柄长 2.5～6cm。花序腋生，花序梗长 2.5～5.5cm，较叶柄粗壮，且常长于叶柄，无毛，有明显棱角，顶端具小疣。花冠淡红或淡紫色，漏斗状，轮似五角星或形似牵牛花，故俗称"红花野牵牛"，长约 1.5cm，径 2cm，较小，故又俗称"小花假番薯"。蒴果近球形，径 5～6mm，被细刚毛，2 室，4 瓣裂。种子 4 颗或较少，长 3.5mm。花期 5～10 月，果期 8～11 月。

用途　小花繁密，色泽秀雅，点缀于枝叶间极为美丽，适合廊柱、小型花架、篱架或树干立体绿化。外来入侵植物。

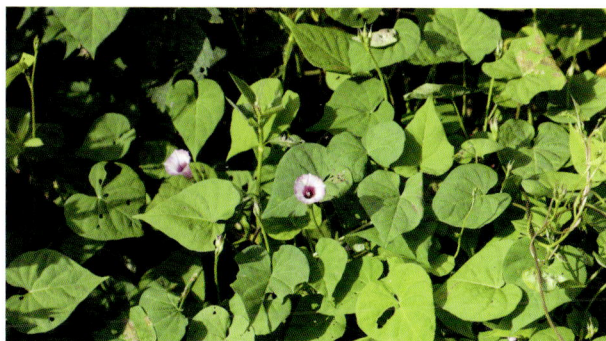

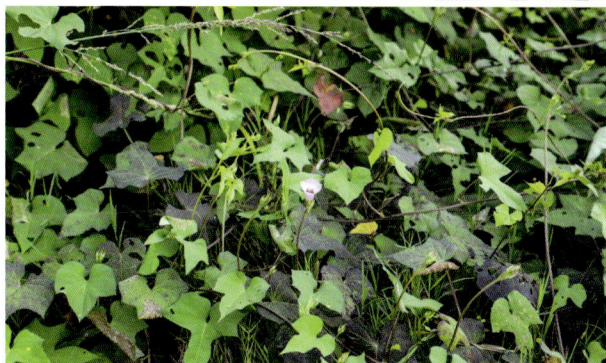

26

篱栏网

Merremia hederacea (Burm. f.) Hallier f.

旋花科
Convolvulaceae

鱼黄草属
Merremia

俗名　茉栾藤、蛤仔花前月下、犁头网、篱网藤、鱼黄藤。

识别特征　一年生草质藤本植物。缠绕或匍匐草本，匍匐时下部茎上生须根；茎细长，无毛或疏被长硬毛。单叶互生，叶长 1.5～7.5cm，宽 1～5cm，叶心状卵形，长 1.5～7.5cm，宽 1～5cm，顶端钝，渐尖或长渐尖，具小短尖头，基部心形或深凹，全缘或通常具不规则的粗齿或锐裂齿，有时为深或浅 3 裂，聚伞花序腋生，有 3～5 朵花，偶单生，花序梗比叶柄粗，长 0.8～5cm；小苞片早落；萼片宽倒卵状匙形；花冠黄色，钟状，有一个"五角星"状纹路。蒴果扁球形或宽圆锥形，4 瓣裂，果瓣有皱纹，内含种子 4 颗。因其常长于篱笆、栏杆、网围上，故名"篱栏网"。花、果期 6～11 月。

用途　有清凉散热、治喉痛、去痰火的功效，可用于治疗双单蛾喉症等。

27

假酸浆

Nicandra physalodes (L.) Gaertner

茄科
Solanaceae

假酸浆属
Nicandra

俗名 鞭打绣球、冰粉、大千生。

识别特征 一年生直立草本植物。高达 1.5m；茎无毛。叶互生，卵形或椭圆形，长 4～20cm，先端尖或短渐尖，基部楔形，具粗齿或浅裂。花单生叶腋，俯垂，花萼钟状，长 0.8～3cm，5 深裂近基部，裂片宽卵形，先端尖，基部心艰箭形，具 2 尖耳片，果时增大成五棱状，宿存，棱与棱之间凹陷。浆果球形，径 1～2cm，黄或褐色，为宿萼包被。种子多数，淡褐色，直径约 1mm，肾状盘形。花、果期为夏秋季。

用途 全草药用，有镇静、祛痰、清热解毒的功效。种子称"假酸浆籽""冰粉籽"，可作凉粉。观赏植物。

28

苦蘵
Physalis angulata
L.

茄科
Solanaceae

洋酸浆属
Physalis

俗名　苦蘵、灯笼泡、灯笼草。

识别特征　一年生草本植物。茎疏被短柔毛或近无毛。单叶互生，或在枝上端双生，大小不等，卵形或卵状椭圆形，先端渐尖或尖，基部宽楔形或楔形，全缘或具不等大牙齿，两面近无毛；叶柄长 1 ～ 5cm。花梗长 0.5 ～ 1.2cm，纤细，被短柔毛；花萼长 4 ～ 5mm，被短柔毛，裂片披针形，具缘毛；花冠淡黄色，喉部具紫色斑纹；花药蓝紫或黄色，长约 1.5mm。宿萼卵球状具棱，但棱间凹陷较平，薄纸质，形似灯笼，故俗称"灯笼草"；浆果径约 1.2cm。种子盘状，径约 2mm。花、果期 5 ～ 12 月。

用途　全草入药，具有清热、利尿、解毒、消肿的功效。嫩茎叶可以炒食、煮汤，成熟果可以生食，味道稍酸。

29

白英
Solanum lyratum
Thunb.

茄科
Solanaceae

茄属
Solanum

俗名　毛母猪藤、排风藤、生毛鸡屎藤。

识别特征　一年生草质藤本植物。长达 3m，多分枝，茎及小枝密被长柔毛。单叶互生，椭圆形或琴形，长 3～11cm，基部心形或戟形，全缘或 3～5 深裂，裂片全缘，中裂片常卵形，先端渐尖，两面被白色长柔毛。圆锥花序顶生或腋外生，疏花，花萼环状，萼齿宽卵形；花冠蓝紫或白色，裂片椭圆状披针形；花药长于花丝，花柱无毛。浆果球状，红黑色，径 0.8cm。花期 6～10 月，果期 10～11 月。

用途　全草和根皆可入药，具有清热利湿、解毒消肿、抗癌等功效。治疗多种眼疾，如结膜炎、角膜炎等。

30

北美车前
Plantago virginica L.

车前科
Plantaginaceae

车前属
Plantago

俗名　毛车前。

识别特征　一年生或二年生草本植物。高达 30cm；根茎短。直根纤细，有细侧根。叶螺旋状互生，叶基生呈莲座状，倒披针形或倒卵状披针形，长 3～18cm，宽 0.5～4cm，先端急尖或近圆，基部窄楔形，下延至叶柄，边缘波状、疏生牙齿或近全缘，两面及叶柄散生白色柔毛，故俗称"毛车前"；叶脉 3～5 条。穗状花序 1 至多数；花序梗直立或弓曲上升，长 4～20cm，较纤细，有纵条纹，密被展开的白色柔毛，中空；穗状花序细圆柱状，长 3～18cm，下部常间断。朔果卵球形，种子 2 颗。种子卵圆形或长卵圆形，腹面凹陷呈船形。花期 4～5 月，果期 5～6 月。

用途　全草可入药，味甘，性寒，有利尿、清热、明目、祛痰等功效，可用于治疗小便不利、淋浊、带下、尿血、黄疸等症状。可作草坪。

31

宝盖草
Lamium amplexicaule L.

唇形科
Lamiaceae

野芝麻属
Lamium

俗名　莲台夏枯草。

识别特征　一年生或二年生草本植物。高 30cm；茎基部多分枝，近无毛。单叶，交互对生，叶圆形或肾形，先端圆，基部平截或平截宽楔形，半抱茎，具深圆齿或近掌状分裂，两面疏被糙伏毛；上部叶无柄，下部叶具长柄。轮伞花序具 6 ~ 10 花；花冠紫红或粉红色，被微柔毛，花丝无毛，花药被长硬毛。小坚果淡灰黄色，倒卵球形，具三棱，被白色小瘤。因其叶与茎整体形似像古代帝王驾车的华盖，故名"宝盖草"。花期 3 ~ 5 月，果期 7 ~ 8 月。

用途　全草入药，主治跌打损伤、筋骨疼痛、四肢麻木、半身不遂、面瘫、黄疸、鼻渊、瘰疬、肿毒、黄水疮。可凉拌食用。

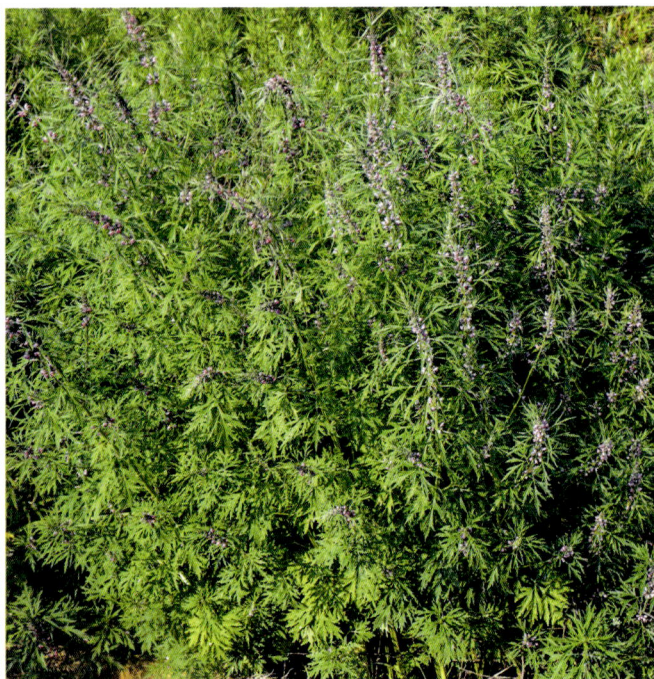

32

益母草
Leonurus japonicus
Houtt.

唇形科
Lamiaceae

益母草属
Leonurus

俗名　益母夏枯。

识别特征　一年生或二年生草本植物。茎直立，通常高 30～120cm，钝四棱形，微具槽，有倒向糙伏毛，多分枝，或仅于茎中部以上有能育的小枝条。基生叶圆心形，5～9 浅裂，每裂片有 2～3 钝齿；茎叶交互对生，下部茎生叶掌状 3 裂，上部叶羽状深裂或浅裂成 3 片，裂片全缘或具少数深锯齿。轮伞花序腋生，具 8～15 朵花，轮廓为圆球形，径 2～2.5cm，多数远离而组成长穗状花序；小花淡紫色，花萼筒状，花冠二唇形。小坚果长圆状三棱形，淡褐色，光滑。花期 6～9 月，果期 9～10 月。

习性与用途　可作药用，用于治疗妇女闭经、痛经、月经不调及子宫脱垂等症，故名"益母草"。开花前采摘，待到秋末，可浸泡抽丝，作麻绳之用。

33

野艾蒿
Artemisia lavandulifolia DC.

菊科
Asteraceae

蒿属
Artemisia

俗名　大叶艾蒿。

识别特征　一年生或二年生草本植物。茎成小丛，稀单生，高达 1.2m，分枝多；茎、枝被灰白色蛛丝状柔毛。叶上面具密集白色腺点及小凹点，初疏被灰白色蛛丝状柔毛，下面除中脉外密被灰白色密绵毛；基生叶与茎下部叶宽卵形或近圆形，二回羽状全裂或一回全裂，二回深裂；中部叶卵形、长圆形或近圆形。头状花序极多数，椭圆形或长圆形，径 2～2.5mm，排成密穗状或复穗状花序，在茎上组成圆锥花序。瘦果长卵圆形或倒卵圆形。花、果期 8～10 月。

习性与用途　具有理气行血、逐寒调经、安胎、祛风除湿、消肿止血等功效。嫩苗经过烹煮后，可食用，有一定的营养价值。可作为饲料，供牛羊等食用。

34

野菊
Chrysanthemum indicum L.

菊科
Asteraceae

菊属
Chrysanthemum

俗名 山菊花、黄菊仔、野黄菊、菊花脑。

识别特征 一年生或二年生草本植物。茎枝疏被毛。中部茎生叶卵形、长卵形或椭圆状卵形，羽状半裂、浅裂，有浅锯齿，基部平截、稍心形或宽楔形，裂片先端尖；叶柄长 1～2cm，柄基无耳或有分裂叶耳，两面淡绿色，或干后两面橄榄色，疏生柔毛。头状花序直径 1.5～2.5cm，多数在茎枝顶端排成疏松的伞房圆锥花序或少数在茎顶排成伞房花序；舌状花黄色。瘦果长 1.5～1.8mm。花、果期 9～11 月。

用途 野菊茶香气浓郁，提神醒脑，还有松弛神经、舒缓头疼的功效，可作为夏天消暑的饮料。

35
——
一年蓬
Erigeron annuus
(L.) Pers.

菊科
Asteraceae

飞蓬属
Erigeron

俗名　白顶飞蓬、千层塔、治疟草。

识别特征　一年生或二年生草本植物。茎下部被长硬毛，上部被上弯短硬毛。单叶互生；基部叶长圆形或宽卵形，稀近圆形，长 4～17cm，基部窄成具翅长柄，具粗齿；下部茎生叶与基部叶同形，叶柄较短；中部和上部叶长圆状披针形或披针形，具短柄或无柄，有齿或近全缘；最上部叶线形；叶边缘被硬毛，两面被疏硬毛或近无毛。头状花序数个或多数，排成疏圆锥花序；外围的舌状花，舌片线形，宽 0.6mm，白色或淡蓝色；中间管状花，黄色。瘦果披针形，长约 1.2mm，扁压，被疏贴柔毛。花、果期 5～10 月。

习性与用途　用于治疗痢疾、肠炎、肝炎、胆囊炎、跌打损伤等症。中医认为其有治疗疟疾的功效，故俗称"治疟草"。嫩茎、叶可作饲料。

第七章

中生木本植物

中生木本植物（mesophytic woody plant）是指那些高度较高，植株多为直立生长，茎干比较粗壮，都有木质化的部分，可以长时间存活并不断生长。包括灌木、乔木和本质藤本。它们都要求既不过于干旱，也不过分潮湿的生长环境。

中生木本植物也可分为湿生中生木本植物、真中生木本植物及旱生中生木本植物 3 种类型。湿生中生木本植物是指在湿润条件下生长很好，但在较干旱条件下也能忍耐而正常生长的木本植物，如垂柳、枫杨、白蜡、乌桕等。旱生中生木本植物是指耐旱能力强，但长期土壤干旱也会有不良反应，或枯梢，或萎蔫落叶，甚至枯死，过分潮湿或根部积水，它们也会不适，如马甲子、柘、小花扁担杆等。处于二者之间的乔木与灌木称真中生木本植物，如樟树、桑等。

01

—

小果菝葜

Smilax davidiana
A. DC.

菝葜科
Smilacaceae

菝葜属
Smilax

俗名　金刚豆、金刚藤。

识别特征　多年生木质藤本植物。茎长 1 ～ 2m，具疏刺。单叶互生；叶坚纸质，干后红褐色，常椭圆形，长 3 ～ 7cm，下面淡绿色；叶柄长 5 ～ 7mm，鞘长为叶柄的 1/2 ～ 2/3，头状花序；花绿黄色。有细卷须，脱落点近卷须上方，鞘耳状，一侧宽 2 ～ 4mm，比叶柄宽。头状花序；花绿黄色。浆果径 5 ～ 7mm，熟时暗红色。花期 3 ～ 4 月，果期 10 ～ 11 月。

用途　根茎可入药，具有祛风除湿、消肿止痛的功效，也可酿药酒，治关节痛、跌打损伤。

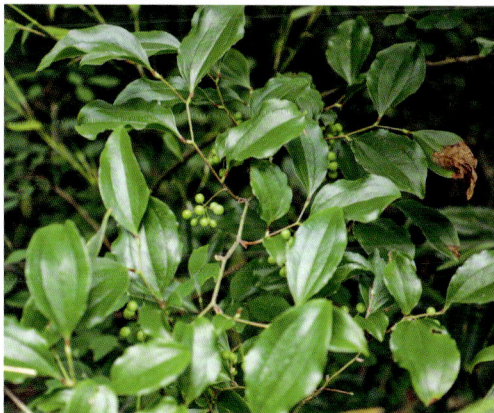

02

异叶蛇葡萄

Ampelopsis glandulosa var. *heterophylla* (Thunb.) Momiy.

葡萄科
Vitaceae

蛇葡萄属
Ampelopsis

识别特征　木质藤本植物。小枝圆柱形，有纵棱纹，被疏柔毛。单叶互生，心形或卵形，3～5 中裂和兼有不裂，长 3.5～14cm，宽 5.5～14cm，先端急尖，基部心形，有急尖锯齿，仅脉上有疏柔毛，基出脉 5 条，侧脉 4～5 对；叶柄长 1～7cm。聚伞花序，花序梗长 1～2.5cm，被疏柔毛；花蕾卵圆形，高 1～2mm，顶端圆形；萼碟形，边缘波状浅齿；花瓣 5 片，卵椭圆形，高 0.8～1.8mm；花盘明显，边缘浅裂；子房下部与花盘合生，花柱明显，基部略粗，柱头不扩大。果近球形，径 5～8mm，有种子 2～4 颗。花期 4～6 月，果期 7～10 月。

用途　药用具有清热解毒、补虚、散瘀通络的功效。

03
———
蘡薁
Vitis bryoniifolia
Bunge

葡萄科
Vitaceae

葡萄属
Vitis

俗名 野葡萄、山葡萄、紫葛。

识别特征 木质藤本植物。嫩枝密被蛛丝状绒毛或柔毛，后变稀疏。卷须二叉分枝；单叶互生，卵形、三角状卵形、宽卵形或卵状椭圆形，长 2.5～8cm，宽 2～5cm，叶片 3～5（7）深裂或浅裂，稀兼有不裂叶，中裂片端急尖至渐尖，基部浅心形或近截形，每边有 5～16 缺刻状粗齿或成羽状分裂；叶柄长 0.5～4.5cm，其与叶下面初时密被蛛丝状绒毛或柔毛，后变稀疏，基出脉 5，网脉在上面不明显。圆锥花序与叶对生；花瓣呈帽状粘合脱落。果球形，径 5～8mm，成熟时紫红色。种子倒卵圆形，两侧洼穴向上达种子 3/4 处。花期 4～8 月，果期 6～10 月。

用途 全株可入药，具有清热解毒、祛风除湿的功效。藤可造纸。果可酿果酒。

04

黄檀
*Dalbergia
hupeana* Hance

豆科
Fabaceae

黄檀属
Dalbergia

俗名　不知春、望水檀、檀树。

识别特征　落叶乔木。高 10～20m。树皮暗灰色，呈薄片状剥落。幼枝软，黑色，微柔毛。基数羽状复叶，互生，长 15～25cm；托叶披针形，小；小叶互生，3～5 对，椭圆形或长圆状椭圆形，长 3.5～6cm，先端钝或微凹，基部圆或宽楔形，两面无毛。圆锥花序顶生或生于最上部的叶腋间，连总花梗长 15～20cm，径 10～20cm；花萼钟状，萼齿 5 枚；花冠白或淡紫色。荚果扁平、长圆形，长 3～7cm，有种子 1～3 颗，肾形。花期 5～6 月，果期 9～10 月。

用途　根皮可入药，具有清热解毒、止血消肿的功效。木材淡黄色或黄白色，材质坚硬致密，作车辆、器具、雕刻等用材。根系发达，具根瘤菌，能改良土壤。

05

截叶铁扫帚

Lespedeza cuneata (Dum.-Cours.) G. Don

豆科
Fabaceae

胡枝子属
Lespedeza

俗名　夜关门。

识别特征　小灌木。高达 1m；茎被柔毛。叶具 3 小叶，密集；叶柄短；羽状复叶互生，长 1～3cm，宽 0.2～0.5cm，小叶楔形或线状楔形，先端平截或近平截，具小刺尖，基部楔形，上面近无毛，下面密被贴伏毛。总状花序腋生，短于叶，有 2～4 花；花萼 5 深裂，裂片披针形，密被贴伏柔毛；花冠淡黄或白色，旗瓣基部有紫斑，翼瓣与旗瓣近等长，龙骨瓣稍长，先端带紫色。荚果宽卵形或近球形，被伏毛，长 2.5～3.5mm，宽约 2.5mm。因植株上部多有坚韧细长的分枝，看起来像扫帚，且叶子先端平截，故名"截叶铁扫帚"。另外，叶在夜晚会闭合，故俗称"夜关门"。花期 6～9 月，果期 9～10 月。

用途　全株可入药，能活血清热、利尿解毒，作兽药可治疗牛痢疾。可作饲料。土壤保持植物。

06

—

美丽胡枝子

Lespedeza
thunbergii subsp.
formosa (Vogel) H.
Ohashi

豆科
Fabaceae

胡枝子属
Lespedeza

俗名　柔毛胡枝子、路生胡枝子、南胡枝子。

识别特征　直立灌木。高 1～2m；多分枝，枝伸展，被疏柔毛。托叶披针形至线状披针形，长 4～9mm，褐色，被疏柔毛；羽状复叶互生，具 3 小叶，叶柄长 1～5cm；被短柔毛；小叶椭圆形、长圆状椭圆形或卵形，稀倒卵形，两端稍尖或稍钝，上面绿色，稍被短柔毛，下面淡绿色，贴生短柔毛。总状花序单一，腋生，比叶长，或构成顶生的圆锥花序；总花梗长可达 10cm，被短柔毛；花萼深裂；裂片为萼筒长的 2～4 倍，花长 10～15mm，紫红色。荚果倒卵形或倒卵状长圆形，表面具网纹且被疏柔毛。花期 7～9 月，果期 9～10 月。

用途　具有清热解毒、活血止痛的功效。水土保持植物、蜜源植物和观赏植物。其嫩叶和花可食用。

07

豆梨
Pyrus calleryana
Decne.

蔷薇科
Rosaceae

梨属
Pyrus

俗名　梨丁子、杜梨、糖梨。

识别特征　落叶灌木或小乔木。幼枝有绒毛，不久脱落；冬芽三角状卵圆形。单叶互生，宽卵形至卵形，稀长椭圆形，长 4～8cm，先端渐尖，稀短尖，基部圆形至宽楔形，边缘有钝锯齿，两面无毛；叶柄长 2～4cm，无毛，托叶叶质，线状披针形，早落。伞形总状花序，具花 6～12，单花直径 4～6m，总花梗和花梗均无毛，花梗长 1.5～3cm。梨果球形，直径约 1cm，形似小豆子，故名"豆梨"。花期 4 月，果期 8～9 月。

用途　果实根皮可入药，主治痢疾。其木材可作器具，通常用作沙梨砧木。可以栽培作为观花植物。

08

金樱子
Rosa laevigata
Michx.

蔷薇科
Rosaceae

蔷薇属
Rosa

俗名　刺梨子、油饼果子、唐樱苈、和尚头。

识别特征　常绿攀缘灌木。小枝粗壮，散生扁弯皮刺，无毛。奇数羽状复叶，互生，小叶革质，通常3，稀5；椭圆状卵形、倒卵形或披针状卵形，长2～6cm，宽1.2～3.5cm，上面无毛，下面黄绿色，幼时沿中肋有腺毛，老时渐脱落无毛。花单生于叶腋，直径5～7cm；花梗长1.8～2.5cm，花梗和萼筒密被腺毛，随果实成长变为针刺；花瓣白色，宽倒卵形，先端微凹；雄蕊多数；心皮多数，花柱离生。果梨形或倒卵圆形，稀近球形，熟后紫褐色，密被刺毛，故俗称"刺梨子"，果柄长约3cm，萼片宿存。花期4～6月，果期7～11月。

用途　根皮含鞣质可制栲胶，根有活血散瘀、祛风除湿等功效。叶外用治烧烫伤。果能止腹泻并对流感病毒有抑制作用。

09

山莓

Rubus corchorifolius
L.f.

蔷薇科
Rosaceae

悬钩子属
Rubus

俗名 树莓、牛奶泡、三月泡、龙船泡、馒头菠、斯氏悬钩子、高脚老虎扭。

识别特征 直立灌木。高 1～3m；枝具皮刺，幼时被柔毛。单叶互生，卵形至卵状披针形，长 5～12cm，宽 2.5～5cm，顶端渐尖，基部微心形，上面色较浅，下面色稍深，幼时密被细柔毛，沿中脉疏生小皮刺，边缘不分裂或 3 裂，通常不育枝上的叶 3 裂，有不规则锐锯齿或重锯齿，基部具 3 脉；叶柄长 1～2cm，疏生小皮刺，幼时密生细柔毛。花单生或少数生于短枝上；花梗长 0.6～2cm，具细柔毛；花直径可达 3cm；花瓣长圆形或椭圆形，白色。果实由很多小核果组成，近球形或卵球形，直径 1～1.2cm，红色，密被细柔毛。花期 2～3 月，果期 4～6 月。

用途 鲜果营养丰富、可生食，制果酱及酿酒。根皮可提取栲胶。全草入药，具有凉血止血、活血调经、收敛解毒之功效。

10

茅莓
Rubus parvifolius
L.

蔷薇科
Rosaceae

悬钩子属
Rubus

俗名　婆婆头、牙鹰勒、蛇泡勒。

识别特征　落叶小灌木。株高可达 1～2m。枝呈弓形弯曲，被柔毛和稀疏钩状皮刺。小叶 3（5），菱状卵圆形或倒卵形，长 2.5～6cm，上面伏生疏柔毛，下面密被灰白色绒毛，有不整齐粗锯齿或缺刻状粗重锯齿，常具浅裂片；叶柄长 2.5～5cm，被柔毛和稀疏小皮刺，托叶线形，被柔毛。伞房花序顶生或腋生，稀顶生花序成短总状；花瓣卵圆形或长圆形，粉红至紫红色。果实卵球形，直径 1～1.5cm，红色，无毛或具稀疏柔毛。花期 5～6 月，果期 7～8 月。

用途　果实酸甜多汁，可供食用、酿酒及制醋等。根和叶含单宁，可提取栲胶。全株入药，有止痛、活血、祛风湿及解毒的功效。

11

马甲子
Paliurus ramosissimus (Lour.) Poir.

鼠李科
Rhamnaceae

马甲子属
Paliurus

俗名　棘盘子、簕子、铜钱树、铁篱笆、雄虎刺。

识别特征　落叶灌木。幼枝及嫩叶稍被茸毛，后变无毛；小枝具直而尖利的刺，刺由托叶变成。单叶互生，具柄，纸质，宽卵形、卵状椭圆形或近圆形，长3～5.5cm，宽2.2～5cm，顶端钝或圆形，基部宽楔形、楔形或近圆形，稍偏斜，边缘具钝细锯齿或细锯齿，基生三出脉。腋生聚伞花序，被黄色绒毛，花细小，萼片5，宽卵形，花瓣5，匙形，短于萼，花盘圆形。核果杯状，被黄褐色或棕褐色绒毛，周围具木栓质3浅裂的窄翅；直径1.2～1.8cm，果梗长1～1.5cm。花期7月，果期8月。

用途　主治风湿痹痛、跌打损伤、咽喉肿痛、痈疽等症。鲜果可食。可作农具柄。分枝密且具针刺，常栽培作绿篱，故俗称"铁篱笆""雄虎刺"。种子可榨油、制烛。

12

长叶冻绿
Frangula crenata
(Siebold & Zucc.)
Miq.

鼠李科
Rhamnaceae

裸芽鼠李属
Frangula

俗名 钝齿鼠李、苦李根、水冻绿。

识别特征 落叶灌木或小乔木。高达 7m；顶芽裸露，无鳞片，被锈色或棕褐色绒毛。单叶互生，纸质，倒卵状椭圆形、先端渐尖，尾尖或骤短，基部楔形或钝，具圆齿状齿或细锯齿，上面无毛，下面被柔毛或沿脉稍被柔毛。花两性，数个或 10 余个密集成腋生聚伞花序，总花梗长 4～10mm，稀 15mm。核果球形或倒卵状球形，绿色或红色，熟时黑或紫黑色，无或有疏短毛，具 3 分核，各有 1 颗种子。种子背面无沟。花期 5～8 月，果期 8～10 月。

用途 民间常用根、皮煎水或醋浸洗治顽癣或疥疮。根和果实含黄色染料。新型园林树种。

13

杭州榆
Ulmus changii W. C. Cheng

榆科
Ulmaceae

榆属
Ulmus

俗名 江南榆、赤皮、铁丁树。

识别特征 落叶乔木。高达 20 余米；幼枝密被毛；冬芽无毛。单叶互生，二列，卵形或卵状椭圆形，长 3～11cm，宽 1.7～4.5cm，先端渐尖或短尖，基部圆楔形、圆或心形，上面幼时疏被平伏长毛，或散生短硬毛；常具单锯齿，稀兼具或全为重锯齿。花小，常自花芽抽出，在二年生枝上成簇状聚伞花序，偶散生新枝基部。翅果长圆形或椭圆状长圆形，稀近圆形，长 1.5～3.5cm，被短毛；果核位于翅果中部或稍下，果柄稍短于花被或近等长，密被短毛；花、果期 3～4 月。

用途 木材可作家具、器具、地板及建筑等用。树皮纤维可制绳索及造纸。榆钱（嫩翅果）可生食、做菜、做饺子等。榆钱种子油有润肺止咳化痰之功效，可用于治疗咳嗽痰稠。

14

构

Broussonetia papyrifera (L.) L'Hér. ex Vent.

桑科
Moraceae

构属
Broussonetia

俗名　毛桃、谷树、谷桑、楮、楮桃、构树。

识别特征　高大乔木或灌木。小枝密生柔毛。单叶互生螺旋状排列，广卵形至长椭圆状卵形，先端渐尖，基部心形，长 6～18cm，宽 5～9cm，两侧常不相等，小树的叶常有明显分裂，表面粗糙，疏生糙毛，背面密被绒毛，基生叶脉三出，侧脉 6～7 对。雌雄异株，雄花序为柔荑花序，粗壮，长 3～8cm，苞片披针形，被毛；雌花序球形头状，苞片棍棒状，顶端被毛。聚花果直径 1.5～3cm，成熟时橙红色，肉质。花期 4～5 月，果期 6～7 月。

用途　全株可入药。韧皮纤维可造纸，果实可生食，也可酿酒，嫩叶可作为饲料喂猪。构树适合用作矿区及荒山边坡绿化。

15

薜荔
Ficus pumila L.

桑科
Moraceae

榕属
Ficus

俗名　广东王不留行、木馒头、鬼馒头。

识别特征　攀缘或匍匐灌木。叶二型，果枝上无不定根，营养枝节上生不定根，叶薄革质，卵状心形，长约2.5cm，先端渐尖，基部稍不对称，叶柄很短；叶革质，卵状椭圆形，先端尖或钝，基部圆或浅心形，全缘，上面无毛，下面被黄褐色柔毛，侧脉3～4对，在上面凹下，下面网脉蜂窝状；托叶披针形，被黄褐色丝毛。隐头花序单生叶腋，雌雄异株，雄花序形成瘿花果，梨形；雌花序形成雌花果，近球形，更圆润。雌花果内有多数瘦果，近倒三角形，有丰富果胶黏液，因其形似小馒头，故俗称"木馒头"。花期5～8月，果期8～9月。

用途　花序托中瘦果加工成凉粉食用。叶供药用，有祛风除湿、活血通络作用，用来治疗腰腿痛、乳痛、疮节等。藤蔓柔性好，可用来编织和作造纸原料。

16

柘
Maclura
tricuspidata
Carrière

桑科
Moraceae

橙桑属
Maclura

俗名　柘树、棉柘、黄桑。

识别特征　落叶灌木或小乔木。高可达 7m，树皮灰褐色。小枝无毛，略具棱，有棘刺；冬芽赤褐色。单叶互生，卵形或菱状卵形，偶为三裂。雌雄花序均头状，单生或成对腋生，花序梗短。聚花果近球形，径约 2.5cm，肉质，熟时橘红色。花期 5～6 月，果期 6～7 月。

用途　茎皮纤维可以造纸；根皮药用；嫩叶可以养幼蚕；果可生食或酿酒；木材心部黄色，质坚硬细致，可以作家具用或作黄色染料。良好的绿篱树种。

17

桑
Morus alba L.

桑科
Moraceae

桑属
Morus

俗名　桑树、家桑、蚕桑。

识别特征　落叶乔木。树干较高，高 3～10m 或更高，树体富含乳浆。单叶互生，卵形或宽卵形，长 5～15cm，先端尖或渐短尖，基部圆或微心形，锯齿粗钝，有时缺裂，上面无毛，下面脉腋具簇生毛；叶柄长 1.5～5.5cm，被柔毛。花单性，雌雄异株，腋生或生于芽鳞腋内，与叶同时生出。雄花序下垂，长 2～3.5cm；雌花序长 1～2cm，被毛，总花梗长 0.5～1cm，被柔毛。聚花果卵状椭圆形，长 1～2.5cm，红色至暗紫色。花期 4～5 月，果期 5～8 月。

用途　树皮纤维柔细，可作纺织原料、造纸原料；根皮、果实及枝条入药。叶为养蚕的主要饲料，亦作药用，并可作土农药。木材坚硬，可制家具、乐器、雕刻等。果实桑椹可以生食、酿酒。

18

算盘子

Glochidion puberum (L.) Hutch.

叶下珠科
Phyllanthaceae

算盘子属
Glochidion

俗名　算盘珠、野南瓜。

识别特征　落叶灌木。全株大部密被柔毛。单叶互生，长圆形、长卵形或倒卵状长圆形，长 3～8cm，基部楔形，上面灰绿色，中脉被疏柔毛，下面粉绿色，侧脉 5～7 对，网脉明显；叶柄长 1～3mm，托叶三角形。花小，雌雄同株或异株，2～5 朵簇生于叶腋内。雌花花梗长 1～2mm，雄花花梗较长，4～15mm。蒴果扁球形，形如算盘珠，故俗称"算盘珠"，且常具 8～10 条纵沟，似南瓜，又俗称"野南瓜"。熟时红色或红棕色，被短绒毛，花柱宿存。花期 4～8 月，果期 7～11 月。

用途　种子可榨油，含油量 20%，供制肥皂或作润滑油。根、茎、叶和果实均可药用，有活血散瘀、消肿解毒的功效。可作农药。

19
青灰叶下珠
Phyllanthus glaucus
Wall. ex Müll. Arg.

叶下珠科
Phyllanthaceae

叶下珠属
Phyllanthus

俗名　鼻血树、黑籽棵、黑籽树。

识别特征　落叶灌木，高 2～4m。枝无毛，小枝细弱。叶互生，叶片椭圆形至长圆形，长 2～3cm，宽 1.4～2cm，先端具小尖头，具短柄，排成二列，似羽状复叶，秋冬与结果小枝一起凋落。花很小，直径约 3mm，无花瓣，通常一朵雌花和数朵雄花一簇长在叶腋处。浆果球形，径约 1cm，绿色、红色至紫黑色。种子黄褐色。因其叶上面绿色，下面苍白色，球形浆果悬于叶下，故名"青灰叶下珠"。花期 4～7 月，果期 7～10 月。

用途　全草入药，有清热解毒、利尿、通乳、止血及杀虫作用。观叶、观果园林植物。

20

盐麸木
Rhus chinensis
Mill.

漆树科
Anacardiaceae

盐麸木属
Rhus

俗名　倍子柴、五倍子、盐肤木。

识别特征　小乔木或灌木。小枝被锈色柔毛。奇数羽状复叶，互生，3～6对小叶，无柄；叶轴具叶状宽翅，小叶椭圆形或卵状椭圆形，具粗锯齿。圆锥花序，顶生，多分枝，密被锈色柔毛；花异性，雄花序长30～40cm，雌花序较短；花白色，苞片披针形，花萼被微柔毛，裂片长卵形，花瓣倒卵状长圆形，外卷。核果红色，扁球形，径4～5mm，被柔毛及腺毛；成熟果实表面附着白色盐状晶体，故名"盐麸木"。花期7～8月，果期10～11月。

用途　花是初秋的优质蜜粉源。幼枝和叶可作土农药。果泡水代醋用，生食酸咸止渴。五倍子蚜虫寄生于幼枝和叶上形成虫瘿，即五倍子，可供鞣革、医药、塑料和墨水等工业用。

21

花椒簕
Zanthoxylum scandens Blume

芸香科
Rutaceae

花椒属
Zanthoxylum

俗名 乌口簕、花椒藤、藤花椒。

识别特征 藤状灌木。小枝细长披垂，枝干具短钩刺。奇数羽状复叶，互生，小叶 5～25（～31），草质，互生或叶轴上部叶对生，卵形、卵状椭圆形或斜长圆形，长4～10cm，先端钝微凹，基部宽楔形，或稍圆，叶轴具短钩刺。聚伞状圆锥花序腋生或顶生；萼片4，淡紫绿色；花瓣4，淡黄绿色。果序及果柄均无毛或疏被微柔毛；果瓣紫红色，顶端具短芒尖。因带刺的植物称为"簕"，故名"花椒簕"。花期 3～5 月，果期 7～8 月。

用途 具有抗肿瘤、抗菌、抗病毒、抗炎、杀虫、降血脂等功效。气味芳香，可作香料。种子榨油，可制肥皂和作润滑油等。

22

青花椒

Zanthoxylum
schinifolium
Siebold & Zucc.

芸香科
Rutaceae

花椒属
Zanthoxylum

俗名　野椒、天椒、小花椒、崖椒。

识别特征　灌木。高达 2m；茎枝无毛，基部具侧扁短刺。奇数羽状复叶，互生，轴具窄翅；小叶 7～19，对生，纸质，叶轴基部小叶常互生，宽卵形、披针形或宽卵状菱形，先端短尖至渐尖，基部圆或宽楔形，上面被毛或毛状凸体，下面无毛，具细锯齿或近全缘，侧脉不明显。伞房状聚伞花序顶生；花瓣淡黄白色，长圆形。果瓣红褐色，径 4～5mm，具淡色窄缘，顶端几无芒尖，油腺点小。花期 7～9 月，果期 9～12 月。

用途　果可作花椒替代品。根、叶及果均入药，具有发汗、散寒、止咳、除胀、消食的功效，又可作食品调味料。

23

小花扁担杆

Grewia biloba var.
parviflora (Bunge)
Hand.-Mazz.

锦葵科
Malvaceae

扁担杆属
Grewia

俗名　小花扁担木。

识别特征　落叶灌木或小乔木。高达 4m，分多枝。单叶互生，具基出脉，叶薄革质，小枝和叶柄密生黄褐色短毛；叶椭圆形或倒卵状椭圆形，基部楔形或钝，长 3～11cm，宽 2～4.5cm，边缘密生不整齐的小牙齿，下面的毛较密；基出脉 3 条，两侧脉上行过半。椭圆形或倒卵状椭圆形，先端锐尖，基部楔形或钝，边缘有细锯齿。聚伞花序腋生，多花，萼片狭长圆形，花瓣短小，约为花萼的 1/4，故名"小花扁担杆"；雌雄蕊具短柄，雌花花柱与萼片平齐，柱头扩大，盘状，有浅裂。核果橙红色，径 0.8～1.2cm，无毛，2 裂，每裂有 2 小核。花期 5～7 月，果期 9～10 月。

用途　全株可入药，具有健脾益气、祛风除湿、固精止带的功效。茎皮纤维色白、质地软，可作人造棉。观果树种，可供观赏。

24

枸杞
Lycium chinense
Mill.

茄科
Solanaceae

枸杞属
Lycium

俗名　狗奶子、狗牙子、牛右力。

识别特征　多年生木本植物。枝条细弱，弯曲或俯垂，淡灰色，具纵纹，小枝顶端成棘刺状，短枝顶端棘刺长达 2cm。单叶互生，或 2～4 枚簇生，卵形、卵状菱形、长椭圆形或卵状披针形，长 1.5～5cm，先端尖，基部楔形，叶柄长 0.4～1cm。花在长枝上单生或双生于叶腋，在短枝上则同叶簇生；花梗长 1～2cm，向顶端渐增粗，棒球棒状；花冠漏斗状，长 0.9～1.2cm，淡紫色，5 深裂，裂片卵形，平展或稍向外反曲；雄蕊较花冠稍短，或因花冠裂片外展而伸出花冠；花柱稍伸出雄蕊，上端弓弯，柱头绿色。浆果卵圆形，红色，长 0.7～1.5cm。花期 6～9 月，果期 8～10 月。

用途　养肝，滋肾，润肺。叶可补虚益精、清热明目。嫩叶可食用。可作为水土保持灌木。

25

醉鱼草
Buddleja
lindleyana Fortune

玄参科
Scrophulariaceae

醉鱼草属
Buddleja

俗名　闭鱼花、痒见消、鱼尾草。

识别特征　直立灌木。高达 3m；小枝 4 棱，具窄翅。叶对生（萌条叶互生或近轮生），膜质、卵形、椭圆形或长圆状披针形，先端渐尖或尾尖，基部宽楔形或圆形，全缘或具波状齿，侧脉 6～8 对。穗状聚伞花序顶生，长 4～40cm，宽 2～4cm；苞片线形，长达 1.0cm；花紫色，芳香；花萼钟状；花冠管弯曲，长 1.1～1.7cm，花冠裂片阔卵形或近圆形。果序穗状；蒴果长圆状或椭圆状，长 0.5～0.6cm，基部常有宿存花萼。种子淡褐色，小，无翅。花期 4～10 月，果期 8 月至翌年 4 月。

用途　花、叶及根供药用，有祛风除湿、止咳化痰、散瘀的功效。兽医用枝叶治牛泻血。全株可作农药。园林观赏植物。

中文索引 *

A

艾草　103

B

八仙草　128
扒菱　25
菝葜科　147
菝葜属　147
白顶飞蓬　143
白花草　68
白花宽叶蔓豆　113
白花水八角　41
白麻　116
白英　**137**
白猪母菜　93
百合科　48
百慕达草　110
百日红　125
稗　**64**
稗草　63
稗属　63~65
半边莲　**97**
半边莲属　97
半枝莲　**94**
绊根草　110
棒头草　**70**

棒头草属　70
宝盖草　**139**
宝塔草　43
北美车前　**138**
倍子柴　166
鼻血树　165
闭鱼花　171
薜荔　**161**
萹蓄　**84**
萹蓄属　83~85
鞭打绣球　135
扁草　16
扁担杆属　169
扁穗牛鞭草　67
冰粉　135
并头草　94
不知春　150

C

蚕桑　163
叉草　58
长刺酸模　**87**
长芒稗　**63**
长芒野稗　63
长尾稗　63
长叶冻绿　**158**

常绿满江红　3
车前科　28, 41~43, 138
车前属　138
橙桑属　162
赤皮　159
楮　160
楮桃　160
垂穗薹　57
垂穗薹草　57
垂序商陆　**127**
唇形科　94, 139, 140
茨藻属　14
慈姑属　33
刺苦草　**16**
刺梨子　154
刺莲藕　23

D

打碗花　**130**
打碗花属　130
大豆属　113
大戟科　77
大蚂蚁草　84
大藻　**6**
大藻属　6
大千生　135

大头菱　25
大湾角菱　25
大叶艾蒿　141
待宵草　79
淡竹叶　50
倒生草　68
稻槎菜　**104**
稻槎菜属　104
稻搓菜　104
稻骨子草　104
稻田莎草　60
灯笼草　136
灯笼泡　136
灯笼薇　13
灯心草　**53**
灯芯草科　53, 54
灯芯草属　53, 54
跌打草　87
丁香蓼属　78
东北委陵菜　73
豆寄生　131
豆科　72, 112~115, 150~
　152
豆梨　**153**
杜梨　153
钝齿鼠李　158
多果满江红　3
多果乌桕　77

E

鹅不食草　99
鹅肠草　96
鹅五子　58

耳草属　90
耳响草　121
二形鳞薹草　**57**
二叶郁金香　48

F

番薯属　132, 133
繁缕属　124
饭包草　**49**
飞蓬属　143
风花菜　**80**
枫杨　**75**
枫杨属　75
凤尾蕨科　47
凤眼莲　**9**
凫葵　29
苃菜　8
拂草　35
浮瓜叶　7
浮飘草　7
浮萍　**5**
浮萍属　5

G

赶山鞭　94
高脚老虎扭　155
革命草　89
葛　**115**
葛属　115
葛藤　115
公母草　114
狗奶子　170

狗尾草　125
狗尾稍草　70
狗牙根　**110**
狗牙根属　110
狗牙子　170
枸杞　**170**
枸杞属　170
构　**160**
构属　160
构树　160
菰　**39**
菰属　39
谷桑　160
谷树　160
瓜仁草　97
管草　111
管芒　110
贯叶蓼　123
光慈菇　48
广东王不留行　161
鬼馒头　161

H

蛤仔花前月下　134
海边月见草　**79**
海滨酸模　87
海芙蓉　79
蕹菜属　80
旱稗　64
旱柳　**76**
旱三棱　61
杭州榆　**159**
蒿属　98, 141

禾本科　37~39, 62~70,
　109~111
合冠鼠曲属　101
合萌　**112**
合萌属　112
合子草　117
和尚头　154
河白草　123
河柳　76
盒子草　**117**
盒子草属　117
黑发草　100
黑三棱　36
黑藻　**13**
黑藻属　13
黑籽棵　165
黑籽树　165
红草　122
红花草籽　72
红花野牵牛　133
红苹　3
红头草　58
狐尾藻属　18, 40
胡桃科　75
胡枝子属　151, 152
葫篓棵子　117
葫芦科　117
湖草　55
湖南根　23
花椒簕　**167**
花椒属　167, 168
花椒藤　167
画眉草属　66

槐叶蘋　**4**
槐叶蘋科　3, 4
槐叶苹　4
槐叶萍　4
槐叶蘋属　4
黄花狸藻　**19**
黄花挖耳草　19
黄菊仔　142
黄毛耳草　90
黄芪属　72
黄芩属　94
黄桑　162
黄丝藤　117
黄檀　**150**
黄檀属　150
灰白老鹳筋　73
灰菜　126
灰化薹草　**55**
火柴头　49

J

鸡蛋头棵　92
鸡冠花　125
鸡毛菜　74
鸡屎藤　**129**
鸡屎藤属　129
鸡头荷　23
鸡头莲　23
鸡头米　23
鸡眼草　**114**
鸡眼草属　114
笄石菖　**54**
急解索　97

棘盘子　157
家麻　116
家桑　163
假菠菜　87
假丁香蓼　78
假莲藕　23
假柳叶菜　**78**
假酸浆　**135**
假酸浆属　135
蒹葭　38
剪刀草　33
见肿消　127
江柳　76
江南灯心草　54
江南榆　159
茭白　39
茭笋　39
节节花　88
截叶铁扫帚　**151**
金刚豆　147
金刚藤　147
金毛耳草　**90**
金丝桃科　119
金丝桃属　119
金银莲花　**27**
金樱子　**154**
金鱼茜　19
金鱼藻　18
锦葵科　121, 122, 169
荆三棱　**36**
鸠酸　118
九龙吐珠　105
柏子树　77

桔梗科　97

菊花脑　142

菊科　98, 99, 100~105,
　141~143

菊属　142

菊藻　43

聚藻　18

K

看麦娘属　62

糠稆　77

扛板归　**123**

空心莲子草　89

苦草属　16

苦李根　158

苦蘵　**136**

苦职　136

L

拉拉藤　**128**

拉拉藤属　128

喇叭花　132

腊子树　77

蜡烛草　34

辣蓼　81

狼叶鸭跖草　49

老鹳草属　120

老鹳嘴　120

老母猪草　130

老鸦瓣　**48**

老鸦瓣属　48

老鸦嘴　120

簕子　157

类黍柳叶箬　68

狸藻科　19

狸藻属　19

梨丁子　153

梨属　153

犁头网　134

篱栏网　**134**

篱网藤　134

藜蒿　98

藜属　126

鳢肠　**100**

鳢肠属　100

立柳　76

莲台夏枯草　139

莲子草　**88**

莲子草属　88, 89

镰刀草　112

蓼科　81~87, 123

蓼萍草　16

蓼属　81, 82, 123

蓼子草　**81**

裂叶牵牛　132

鳞薹草　57

菱属　25, 26

柳属　76

柳叶菜科　78, 79

柳叶箬　**68**

柳叶箬属　68

六月雪　93

龙船泡　155

龙舌草　**15**

龙须菜　47

蒌白蒿　98

萎蒿　**98**

芦苇　**38**

芦苇属　38

芦芽　38

路生胡枝子　152

卵形叶雨久花　52

乱草　**66**

裸芽鼠李属　158

裸柱菊　**105**

裸柱菊属　105

落地稗　65

绿兰花　96

绿蓝花　96

M

麻柳　75

马甲子　**157**

马甲子属　157

马尿骚　75

马松子　**122**

马松子属　122

麦娘娘　62

麦陀陀草　62

脉果薹草　56

馒头菠　155

满江红　**3**

满江红属　3

芒草　110

芒属　37, 111

牻牛儿苗科　120

毛车前　138

毛茛科　71

毛茛属　71

毛鸡屎藤　129
毛母猪藤　137
毛桃　160
茅莓　**156**
美丽胡枝子　**152**
美洲商陆　127
米柏　77
密毛酸模叶蓼　**82**
棉柘　162
磨挡草　121
磨盘草　**121**
茉栾藤　134
陌上菜　**93**
陌上菜属　92, 93
墨旱莲　100
墨汁草　100
母草　93
母草科　92, 93
木馒头　161
木子树　77

N

南荻　**37**
南胡枝子　152
泥蒿　98
泥胡菜　**103**
泥胡菜属　103
泥花草　**92**
泥茜　18
牛鞭草　**67**
牛鞭草属　67
牛黄黄　114
牛奶泡　155

牛右力　170
脓泡药　96

O

欧菱　**25**

P

爬拉殃　128
排风藤　137
胖节荻　37
泡三棱　36
蟛蜞菊　88
飘拂草属　35
萍　7
婆婆头　155
铺地委陵菜　74
匍茎通泉草　**95**
匍枝蘽草　55
葡萄科　148, 149
葡萄属　149

Q

七层兰　119
漆树科　166
掐不齐　114
千层塔　143
千屈菜科　25, 26
牵牛　**132**
牵牛花　132
芡　**23**
芡实　23
芡属　23
茜草科　90, 128, 129

堑头草　110
蔷薇科　73, 74, 153~156
蔷薇属　154
巧克力草　122
茄科　135~137, 170
茄属　137
青花椒　**168**
青灰叶下珠　**165**
青麻　116
青萍　5
青葙　**125**
青葙属　125
清明菜　102
苘麻属　121
球果蔊菜　80
球子草　99
雀稗属　69
雀舌草　**124**

R

日本慈姑　33
日本看麦娘　**62**
日照飘　35
榕属　161
柔毛胡枝子　152
肉草　51
瑞香草　119

S

三方草　60
三棱　36
三棱草属　36
三裂狐尾藻　40

三裂叶薯　**133**
三轮草　59
三数老鹳筋　73
三叶朝天委陵菜　**73**
三月泡　155
伞形科　106
桑　**163**
桑科　160, 163
桑属　163
桑树　163
莎草科　35, 36, 55~61
莎草属　58~61
山胡萝卜　106
山菊花　142
山莓　**155**
山葡萄　149
商陆科　127
商陆属　127
稍草　62, 70
蛇床　**106**
蛇床属　106
蛇床子　106
蛇米　106
蛇泡勒　156
蛇葡萄属　148
蛇粟　106
生毛鸡屎藤　137
十字花科　80
石打穿　90
石胡荽　**99**
石胡荽属　99
石灰菜　103
石龙尾　**43**

石龙尾属　42, 43
石磨子　121
石竹科　124
匙叶合冠鼠曲　**101**
匙叶合冠鼠曲草　101
匙叶鼠麴草　101
瘦黄芩　94
疏忽蓼　83
疏花鸡矢藤　129
疏蓼　**83**
鼠李科　157, 158
鼠曲草　**102**
鼠曲草属　102
树莓　155
水艾　98
水八角　**41**
水八角属　41
水白　8
水白菜　6
水鳖　**8**
水鳖科　8, 13, 16
水鳖属　8
水车前　15
水车前属　15
水灯草　53
水冻绿　158
水浮莲　6, 9
水荷叶　29
水红花子　82
水葫芦　9
水花生　89
水蕨　**47**
水蕨属　47

水辣菜　71
水马齿　**28**
水马齿属　28
水茫草　**91**
水茫草属　91
水茅草　54
水牛膝　88
水萍　7
水萍草　7
水芹菜　47
水上一枝黄花　19
水虱草　**35**
水苏　8
水竹叶　**51**
水竹叶属　51
水烛　**34**
睡菜科　23, 27, 29
斯氏悬钩子　155
四角刻叶菱　26
四角马氏菱　26
酸醋酱　118
酸摸　86
酸模属　86
酸模属　87
酸三叶　118
酸味草　118
算盘珠　164
算盘子　**164**
算盘子属　164
碎米莎草　**60**
碎米知风草　66
穗状狐尾藻　**18**
梭梭草　61

梭鱼草属　9, 52

T

薹　47
薹草属　55, 57
檀树　150
汤湿草　96
唐樱莇　154
糖梨　153
藤花椒　167
天椒　168
天南星科　5~7
天蓬草　124
田艾　102
田萍　7
田荠　104
田野老鹳筋　73
田皂角　112
铁丁树　159
铁篱笆　157
铁线草　110
葶苈子　124
通泉草　**96**
通泉草科　95, 96
通泉草属　95, 96
铜钱树　157
头状穗莎草　**59**
头状薹草　56
土莲蓬　81
吐丝子　131
菟丝子　**131**
菟丝子属　131
佘头温草　7

W

罔草　**109**
茵草属　109
望水檀　150
苇　38
委陵菜属　73, 74
喂香壶　59
温丝草　13
乌豆　113
乌桕　**77**
乌桕属　77
乌口箭　167
乌苏里狐尾藻　**40**
乌苏里聚藻　40
乌苏里杂　40
无根草　131
无芒稗　**65**
蜈蚣柳　75
蜈蚣萍　4
五倍子　166
五节芒　**111**

X

习见萹蓄　**85**
习见蓼　85
喜旱莲子草　**89**
细果野菱　**26**
细米草　97
细叶一枝莲　81
细竹叶高草　51
虾藻　17
狭叶韩信草　94
狭叶鸡矢藤　129

下江委陵菜　**74**
苋科　88, 89, 125, 126
香附　61
香附子　**61**
香蒲科　34
香蒲属　34
香头草　61
小扁蓄　85
小茨藻　**14**
小二仙草科　18
小二仙草科　40
小果菠葜　**147**
小花扁担杆　**169**
小花扁担木　169
小花假番薯　133
小花椒　168
小花委陵菜　73
小藜　**126**
小连翘　**119**
小翘　119
心叶假梭鱼草　52
杏菜　29
荇菜　**29**
荇菜属　27, 29
雄虎刺　157
玄参科　91, 171
悬钩子属　155, 156
旋花科　130~134
旋花苦蔓　130
荨麻科　116

Y

鸭吃菜　24

鸭舌草 **52**
鸭跖草 **50**
鸭跖草科 49~51
鸭跖草属 49, 50
鸭子草 24
牙刷草 94
牙鹰勒 155
崖椒 168
胭脂草 127
盐肤木 166
盐麸木 **166**
盐麸木属 166
眼子菜 **24**
眼子菜科 17, 24
眼子菜属 17, 24
羊蹄 **86**
杨柳科 76
洋商陆 127
洋酸浆属 136
仰卧委陵菜 74
痒见消 171
野艾蒿 **141**
野慈姑 **33**
野大豆 **113**
野葛 115
野黄豆 113
野黄菊 142
野茭白 39
野椒 168
野菊 **142**
野老鹳草 **120**
野路葵 122
野麻 116

野南瓜 164
野葡萄 149
野田菜 96
野芝麻属 139
叶下珠科 164, 165
叶下珠属 165
夜关门 151
腋花蓼 85
一年蓬 **143**
异型莎草 **58**
异叶蛇葡萄 **148**
异叶石龙尾 **42**
益母草 **140**
益母草属 140
益母夏枯 140
翼果薹草 **56**
印度荇菜 27
印度莕菜 27
蘡薁 **149**
油饼果子 154
鱼黄草属 134
鱼黄藤 134
鱼尾草 171
禹毛茛 **71**
榆科 159
榆属 159
雨久花科 9, 52
圆果薄菜 80
圆果雀稗 **69**
圆叶鸭跖草 49
月见草属 79
云南亚麻荠 80
芸香科 167, 168

Z
泽泻科 33
札草 17
沼生水马齿 28
柘 **162**
柘树 162
直柳 76
治疟草 143
猪兜菜 103
猪耳菜 52
猪胡椒 96
猪殃殃 128
竹叶菜 49, 50
竹叶草 84
苎麻 **116**
苎麻属 116
转转薇 13
状元花 59
紫背浮萍 7
紫葛 149
紫萍 **7**
紫萍属 7
紫云英 **72**
自扣草 71
菹草 **17**
醉鱼草 **171**
醉鱼草属 171
座地菊 105
酢浆草 **118**
酢浆草科 118
酢浆草属 118

英文索引

A

Abutilon   121
Abutilon indicum   121
Actinostemma   117
Actinostemma tenerum   117
Aeschynomene   112
Aeschynomene indica   112
Alismataceae   33
Alopecurus   62
Alopecurus japonicus   62
Alternanthera   88, 89
Alternanthera philoxeroides   89
Alternanthera sessilis   88
Amana   48
Amana edulis   48
Amaranthaceae   88, 89, 125, 126
Ampelopsis   148
Ampelopsis glandulosa var. *heterophylla*
   148
Anacardiaceae   166
Apiaceae   106
Araceae   5~7
Artemisia   98, 141
Artemisia lavandulifolia   141
Artemisia selengensis   98
Asteraceae   98~99, 100~105, 141~143
Astragalus   72
Astragalus sinicus   72
Azolla   3
Azolla pinnata subsp. *asiatica*   3

B

Beckmannia   109

Beckmannia syzigachne   109
Boehmeria   116
Boehmeria nivea   116
Bolboschoenus   36
Bolboschoenus yagara   36
Brassicaceae   80
Broussonetia   160
Broussonetia papyrifera   160
Buddleja   171
Buddleja lindleyana   171

C

Callitriche   28
Callitriche palustris   28
Calystegia   130
Calystegia hederacea   130
Campanulaceae   97
Carex   55~57
Carex cinerascens   55
Carex dimorpholepis   57
Carex neurocarpa   56
Caryophyllaceae   124
Celosia   125
Celosia argentea   125
Centipeda   99
Centipeda minima   99
Ceratopteris   47
Ceratopteris thalictroides   47
Chenopodium   126
Chenopodium ficifolium   126
Chrysanthemum   142
Chrysanthemum indicum   142
Cnidium   106

Cnidium monnieri　106
Commelina　49, 50
Commelina benghalensis　49
Commelina communis　50
Commelinaceae　49~51, 130~134
Cucurbitaceae　117
Cuscuta　131
Cuscuta chinensis　131
Cynodon　110
Cynodon dactylon　110
Cyperaceae　35, 36, 55~61
Cyperus　58~61
Cyperus difformis　58
Cyperus glomeratus　59
Cyperus iria　60
Cyperus rotundus　61

D

Dalbergia　150
Dalbergia hupeana　150

E

Echinochloa　63~65
Echinochloa caudata　63
Echinochloa crus-galli　64
Echinochloa crus-galli var. *mitis*　65
Eclipta　100
Eclipta prostrata　100
Eragrostis　66
Eragrostis japonica　66
Erigeron　143
Erigeron annuus　143
Euphorbiaceae　77
Euryale　23
Euryale ferox　23

F

Fabaceae　72, 112~115, 150~152
Ficus　161

Ficus pumila　161
Fimbristylis　35
Fimbristylis littoralis　35
Frangula　158
Frangula crenata　158

G

Galium　128
Galium spurium　128
Gamochaeta　101
Gamochaeta pensylvanica　101
Geraniaceae　120
Geranium　120
Geranium carolinianum　120
Glochidion　164
Glochidion puberum　164
Glycine　113
Glycine soja　113
Gratiola　41
Gratiola japonica　41
Grewia　169
Grewia biloba var. *parviflora*　169

H

Haloragaceae　18, 40
Hedyotis　90
Hedyotis chrysotricha　90
Hemarthria　67
Hemarthria sibirica　67
Hemisteptia　103
Hemisteptia lyrata　103
Hydrilla　13
Hydrilla verticillata　13
Hydrocharis　8
Hydrocharis dubia　8
Hydrocharitaceae　8, 13~16
Hypericaceae　119
Hypericum　119
Hypericum erectum　119

I

Ipomoea 132, 133
Ipomoea nil 132
Ipomoea triloba 133
Isachne 68
Isachne globosa 68

J

Juglandaceae 75
Juncaceae 53, 54
Juncus 53, 54
Juncus effusus 53
Juncus prismatocarpus 54

K

Kummerowia 114
Kummerowia striata 114

L

Lamiaceae 94, 139, 140
Lamium 139
Lamium amplexicaule 139
Lapsanastrum 104
Lapsanastrum apogonoides 104
Lemna 5
Lemna minor 5
Lentibulariaceae 19
Leonurus 140
Leonurus japonicus 140
Lespedeza 151, 152
Lespedeza cuneata 151
Lespedeza thunbergii subsp. *formosa* 152
Liliaceae 48
Limnophila 42, 43
Limnophila heterophylla 42
Limnophila sessiliflora 43
Limosella 91
Limosella aquatica 91

Lindernia 92, 93
Lindernia antipoda 92
Lindernia procumbens 93
Linderniaceae 92, 93
Lobelia 97
Lobelia chinensis 97
Ludwigia 78
Ludwigia epilobioides 78
Lycium 170
Lycium chinense 170
Lythraceae 25, 26

M

Maclura 162
Maclura tricuspidata 162
Malvaceae 95, 96, 121, 122, 169
Mazus 95, 96
Mazus miquelii 95, 96
Melochia 122
Melochia corchorifolia 122
Menyanthaceae 27, 29
Merremia 134
Merremia hederacea 134
Miscanthus 37, 111
Miscanthus floridulus 111
Miscanthus lutarioriparius 37
Moraceae 160~163
Morus 163
Morus alba 163
Murdannia 51
Murdannia triquetra 51
Myriophyllum 18, 40
Myriophyllum spicatum 18
Myriophyllum ussuriense 40

N

Najas 14
Najas minor 14
Nicandra 135

Nicandra physalodes   135
Nymphaeaceae   23
Nymphoides   27, 29
Nymphoides indica   27
Nymphoides peltata   29

O

Oenothera   79
Oenothera drummondii   79
Onagraceae   78, 79
Ottelia   15
Ottelia alismoides   15
Oxalidaceae   118
Oxalis   118
Oxalis corniculata   118

P

Paederia   129
Paederia foetida   129
Paliurus   157
Paliurus ramosissimus   157
Paspalum   69
Paspalum scrobiculatum var. *orbiculare*   69
Persicaria   81, 82, 123
Persicaria criopolitana   81
Persicaria lapathifolia var. *lanata*   82
Persicaria perfoliata   123
Persicaria praetermissa   83
Phragmites   38
Phragmites australis   38
Phyllanthaceae   164, 165
Phyllanthus   165
Phyllanthus glaucus   165
Physalis   136
Physalis angulata   136
Phytolacca   127
Phytolacca americana   127
Phytolaccaceae   127

Pistia   6
Pistia stratiotes   6
Plantaginaceae   28, 41~43, 138
Plantago   138
Plantago virginica   138
Poaceae   37~39, 62~70, 109~111
Polygonaceae   81~87, 123
Polygonum   83~85
Polygonum aviculare   84
Polygonum plebeium   85
Polypogon   70
Polypogon fugax   70
Pontederia   9, 52
Pontederia crassipes   9
Pontederia vaginalis   52
Pontederiaceae   9, 52
Potamogeton   17, 24
Potamogeton crispus   17
Potamogeton distinctus   24
Potamogetonaceae   17, 24
Potentilla   73, 74
Potentilla limprichtii   74
Potentilla supina var. *ternata*   73
Pseudognaphalium   102
Pseudognaphalium affine   102
Pteridaceae   47
Pterocarya   75
Pterocarya stenoptera   75
Pueraria   115
Pueraria montana var. *lobata*   115
Pyrus   153
Pyrus calleryana   153

R

Ranunculaceae   71
Ranunculus   71
Ranunculus cantoniensis   71
Rhamnaceae   157, 158
Rhus   166

Rhus chinensis　166
Rorippa　80
Rorippa globosa　80
Rosa　154
Rosa laevigata　154
Rosaceae　73, 74, 90, 128, 129, 153~156
Rubus　155, 156
Rubus corchorifolius　155
Rubus parvifolius　156
Rumex　86, 87
Rumex japonicus　86
Rumex trisetifer　87
Rutaceae　167, 168

S

Sagittaria　33
Sagittaria trifolia　33
Salicaceae　76
Salix　76
Salix matsudana　76
Salvinia　4
Salvinia natans　4
Salviniaceae　3, 4
Scrophulariaceae　91, 171
Scutellaria　94
Scutellaria barbata　94
Smilacaceae　147
Smilax　147
Smilax davidiana　147
Solanaceae　135~137, 170
Solanum　137
Solanum lyratum　137
Soliva　105
Soliva anthemifolia　105
Spirodela　7

Spirodela polyrhiza　7
Stellaria　124
Stellaria alsine　124

T

Trapa　25, 26
Trapa incisa　26
Trapa natans　25
Triadica　77
Triadica sebifera　77
Typha　34
Typha angustifolia　34
Typhaceae　34

U

Ulmaceae　159
Ulmus　159
Ulmus changii　159
Urticaceae　116
Utricularia　19
Utricularia aurea　19

V

Vallisneria　16
Vallisneria spinulosa　16
Vitaceae　148, 149
Vitis　149
Vitis bryoniifolia　149

Z

Zanthoxylum　167, 168
Zanthoxylum scandens　167
Zanthoxylum schinifolium　168
Zizania　39
Zizania latifolia　39